解锁创造力

PHOTOSHOP
创意技巧魔法书

王娜／著

U0244650

中国青年出版社

策划编辑　张　鹏
责任编辑　张　军
封面设计　杨　光

图书在版编目（CIP）数据

解锁创造力:Photoshop创意技巧魔法书／王娜著
. — 北京: 中国青年出版社, 2020. 11
ISBN 978-7-5153-6145-1

I. ①解… II. ①王… III. ①图像处理软件 IV.①TP391.413

中国版本图书馆CIP数据核字（2020）第148389号

解锁创造力:Photoshop创意技巧魔法书
王娜 / 著

出版发行: 中国青年出版社
地　　址: 北京市东四十二条21号
邮政编码: 100708
电　　话: (010) 59231565
传　　真: (010) 59231381
企　　划: 北京中青雄狮数码传媒科技有限公司
印　　刷: 北京瑞禾彩色印刷有限公司
开　　本: 635 x 965　1/8
印　　张: 25
版　　次: 2021年1月北京第1版
印　　次: 2021年1月第1次印刷
书　　号: ISBN 978-7-5153-6145-1
定　　价: 99.80元（附赠独家秘料, 关注封底公众号获取）

本书如有印装质量等问题, 请与本社联系
电话: (010) 59231565
读者来信: reader@cypmedia.com
投稿邮箱: author@cypmedia.com
如有其他问题请访问我们的网站: http://www.cypmedia.com

Welcome to
Photoshop
Tips, Tricks & Fixes

前 言

　　Adobe Photoshop是一款功能全面、强大的图像处理软件，广泛应用于摄影、平面设计、网页设计和绘画艺术等众多领域。通过Photoshop，设计师们可以更好地展现自己的灵感和创意，创作出令人惊叹的艺术作品。

　　对于设计师而言，全面了解并且掌握自己所用的图像处理软件是必不可少的技能。利用Photoshop，我们可以轻松制作出在现实中无法创造或难以实现的艺术效果，修复或修饰图像的瑕疵，合成不可思议的超现实图像。

　　本书将主要介绍Photoshop各功能的使用技巧，并帮助读者了解如何使用这些技巧对图像进行修饰或合成。学习本书后，你可以使用Photoshop提升图像的质量，重新规划图像的焦点，让图像变得更加有趣并且引人注目；也可以将多个元素合成到一个图像之中，创作超现实的艺术作品，尽情地发挥自己天马行空的想象力，尝试不同技巧的组合会造就出什么样的图像。本书由湖州师范学院艺术学院王娜老师根据教育部产学合作协同育人项目201902070014精神编写，全书共计约30万字。你将从本书中学到如何让自己的工作变得更有效率、如何用更简单的技巧实现原本困难的工作，这些技巧将帮助你提升自己的设计水准，成为一个更加优秀的设计师。

　　你可以将这本书当作一个有用的参考，将它作为自己的灵感源泉，学习如何使用这些技巧和思路创作完全属于自己的设计作品。你会发现从来都不存在真正完美的艺术创作，优秀的作品从来都不能一蹴而就，你需要学会思考和练习，消化我们所教授的知识，通过反复地修改，不断提升作品的质量。

　　最后，我要向正在阅读本书的各位读者致以真诚的感谢，希望这本书能够对各位的学习和工作有所帮助。

Contents

6

125个 Photoshop 小技巧

13

14

40

Tips

Tricks

160

197

193

Fixes

快来了解！

125个

世界上最棒的
Photoshop技巧

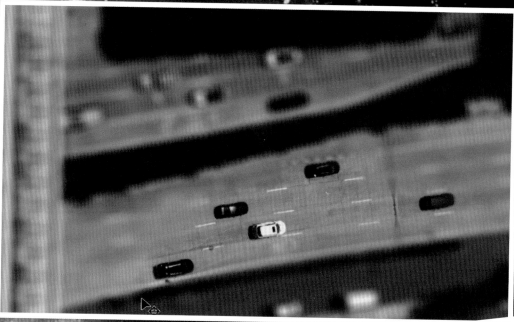

01 突出效果

在菜单栏中执行"滤镜＞模糊画廊－移轴模糊"命令，对滤镜的参数进行调整从而虚化背景，使你照片中的前景相对于背景更为突出。

02 精确选择

在工具箱中选择矩形选框工具或椭圆选框工具，按住Shift键长按鼠标左键在画布上进行拖曳，即可创建一个完美的正方形或正圆形选区。你还可以在使用裁剪工具或形状工具时利用这个技巧。

03 印象派画笔

在Photoshop中使用印象派混合器画笔，即可将任何一幅图像变成莫奈式的杰作。使用一个较小的笔刷画出细节，然后使用一个较大的笔刷创建模糊的绘画效果。

04 涂抹工具

使用涂抹工具涂抹头发，给头发以柔和的感觉。调低涂抹工具的强度，制造出微妙的模糊笔触。根据图片不同位置的不同需要，调整笔刷的大小，使色彩更加流畅。注意发际线的位置，不要让头发和皮肤混合在一起。

05 加深和减淡

加深工具和减淡工具可以用于提升图像的暗部和亮部，而且往往效果惊人。使用加深工具涂抹图像的阴影部分，增强图像的暗部。

06 排除

新建一个图层，从图像上选择一种柔和的深色对图层进行填充，设置其混合模式为"排除"，然后适当地调整不透明度，创造出梦幻的色彩。

07 画直线

按住Shift键，长按鼠标左键向着你所希望绘制的方向进行拖曳，即可绘画直线。

08 填充/不透明度

如果你需要降低图层的不透明度但又不希望影响刚刚创建的图层样式，请在"图层"面板中更改"填充"设置，该设置位于"不透明度"的正下方。如果要完全关闭图层样式，请单击图层下方"效果"左侧的眼睛按钮。

09 魔棒工具

若你需要对某种颜色进行选择，"色彩范围"命令并非唯一的选择。在工具箱中选择魔棒工具，在属性栏中确保是否取消勾选"连续"复选框，然后设置"容差"以更精确地选择颜色。

10 无缝纹理

将一张图片分割成四块相等的区域，并将每条边移动到相反的一边创建无缝的纹理。然后，使用仿制图章工具，隐藏好图像的接缝，让它看起来像是一张未经修改的图片。

11 双屏工作台

为你的电脑接上两台显示器可以显著地提高你的工作效率。你可使用其中一个屏幕操作Photoshop，并用另一个屏幕搜索图片素材，或者在两个屏幕上放置不同的Photoshop文档。

12 放大眼睛

在菜单栏中执行"滤镜>液化"命令，在弹出的对话框中单击"人脸识别液化"折叠按钮，在打开的区域中对人物双眼的参数进行修改，放大人物的眼睛。

14 优化构图
使用裁剪工具的网格作为参考，根据三分法则优化你的构图。

16 修复光学畸变
使用透视裁剪工具修改倾斜的物体。选中所需进行修改的部分，长按并拖曳控制柄对图像进行调整。

17 创建景深效果
通过模糊背景突出图像的焦点和主题。在菜单栏中执行"滤镜>模糊画廊>场景模糊"命令，快速对背景进行模糊，也可以进一步对滤镜的参数进行设置。

13 减少噪点
在菜单栏中执行"滤镜>Camera Raw滤镜"命令，在弹出的Camera Raw对话框中切换至"细节"选项卡，通过调整"明亮度"的参数减少图像的噪点。

18 增强对比度
新建一个"曲线"调整图层，提高图像的对比度。在"属性"面板中沿着对角线单击添加几个点，并将上方的点向左拉以提高高光，将下方的点向右拉以加深阴影。

15 黑白预设
在菜单栏中执行"图像>调整>黑白"命令，在弹出的"黑白"对话框中选择合适的预设，并勾选"色调"复选框。

19 波普艺术效果
在菜单栏中执行"滤镜>滤镜库"命令，在弹出的"滤镜库"对话框中选择"艺术效果>木刻"滤镜，调整滤镜的参数让图像呈现出色块效果，并将图层的混合模式设置为"实色混合"。新建一个图层，设置混合模式为"正片叠底"，使用你想要的颜色填充图像，以获得不同的色彩风格。

20 宏观效果
通过有选择地呈现色彩使你的主题在图像中脱颖而出。使用快速选择工具选中你的主题，按Ctrl+J组合键复制选区内的图像为新图层。选择背景图层，将背景的颜色转换为黑白，并为其应用一种预设。

21 裁剪预设

如果你经常以固定的尺寸/分辨率对图像进行裁剪，请选择裁剪工具，在属性栏中设置你常用的参数，然后单击"比例"下拉按钮，在下拉列表中选择"新建裁剪预设"选项，然后在弹出的"新建裁剪预设"对话框中为你的预设进行命名。

22 快捷键

每组工具都有其对应的快捷键，在按下快捷键的同时按下Shift键即可在该组工具中进行切换。例如按下M键可以切换矩形选框工具，按下Shift+M键可以在矩形选框工具和椭圆选框工具之间进行切换。

23 原位粘贴

当需要在Photoshop中将某一图像文档中的内容复制到另一图像文档中，并粘贴在原有的位置时，可以在菜单栏中执行"编辑>选择性粘贴>原位粘贴"命令，或按下Shift+Ctrl+V组合键对图像进行粘贴。

24 合并矢量图层

为了确保矢量图层的可编辑性，你需要选择以非栅格化的方式合并图层。在"图层"面板中选中你所需要合并的矢量图层，按下Ctrl+E组合键合并图形。

25 建立图库

在你的电脑中建立一个图库是很有必要的。你可以随时随地地拍摄一些自己认为有用的图像并存储在电脑中，以便于在需要的时候能够快速地应用这些素材。

26 绘制形状

如果你想自由地绘制一些形状，选择钢笔工具，并在属性栏中设置工具模式为"形状"，在画布上绘制你想要的形状。然后随意选择一种形状工具，在属性栏中对你的形状进行编辑设置。

27 "液化"滤镜

新建一个文档，交替使用两种颜色在画布上创建条纹。在菜单栏中执行"滤镜>液化"命令，在弹出的"液化"对话框中选择顺时针旋转扭曲工具，设置合适的参数，在预览窗口中长按鼠标左键对画面进行扭曲。

28 自定义画笔

使用自定义画笔来创建绘画效果。打开图像，从网络上下载合适的笔刷，并且安装到你的Photoshop中，使用这些笔刷创建想要的绘画效果。Photoshop本身将提供一些免费可商用的笔刷，你也可以在Adobe Photoshop的官方网站上下载更多。

29 图层编码

为了更好地管理具有多个图层的大型PSD文件，你可以使用颜色编码直观地对具有相关内容的图层进行分组。在图层缩略图上右击，即可从快捷菜单的底部选择一种你需要的颜色。

30 旋转画笔角度

当你使用画笔工具进行绘画时，可以更改笔刷的角度以更适应不同的绘画需求，就像使用真实的画笔进行绘画时那样。选择画笔工具，在画布上单击鼠标右键，在弹出的面板中选择你所需要的笔刷，并对笔刷的角度进行调整。

32 调节色彩平衡
新建"色彩平衡"调整图层调整图像色彩，设置图层的混合模式为"滤色"。将蒙版填充为黑色，选择一个柔边画笔，使用白色涂抹需要调整的部分。

31 提亮眼睛
用色彩来提亮眼睛，可以增加层次感。在"图层"面板中单击"创建新的填充或调整图层"按钮，在打开的列表中选择"纯色"选项，设置一种和人物主体色调一致的浅色，并设置混合模式为"叠加"。选择"颜色填充"图层的图层蒙版，填充颜色为黑色，选择一个柔边画笔，使用白色涂抹人物的瞳孔。

34 修改颜色
在所有图层上方新建一个图层，并设置混合模式为"颜色"。在工具箱中将前景色设置为你想要的颜色，然后使用画笔工具在画布上进行涂抹。你也可以使用多种不同的颜色修改图像的色彩。

33 亮白牙齿
选择减淡工具，设置画笔的"硬度"为0%，并在属性栏中调整"曝光"的参数，涂抹人物的牙齿部位。

36 表面模糊
选中需要进行磨皮的图层，并将其转换为智能对象，在菜单栏中执行"滤镜>模糊>表面模糊"命令，在弹出的"表面模糊"对话框中设置"半径"为6像素、"阈值"为14色阶。填充滤镜蒙版的颜色为黑色，选择一个柔边画笔，使用白色涂抹需要磨皮的部分。

35 散布
想让你的画笔呈现出随机喷溅的效果吗？在"画笔设置"面板中勾选"散布"复选框，对"散布"的参数进行设置。数值越高，笔刷就越分散。

37 精确选择

使用Photoshop的"计算"功能对图像的通道进行混合,并妥善地应用其结果。"计算"命令常和图层蒙版进行结合,快速并精确地选择图像内容。

40 单色图像

在菜单栏中执行"图像>调整>黑白"命令,在弹出的"黑白"对话框中对图像的参数进行调整,让图像呈现为灰度模式,或为图像重新施加颜色。使用这种方法可以创建出美妙的单色图像,不过你仍然需要对图像进行其他调整。

41 中性图层

你可以创建一个中性色图层对图像进行调色,中性图层对于调整图像的阴影或高光总是很有用的。新建一个图层,填充颜色为50%的灰色,并设置混合模式为"叠加"。你可以添加一个"曲线"调整图层,并设置为中性图层的剪贴蒙版,试着调整曲线以改变图像的阴影和高光。

42 混合模式

图层混合模式决定了两个图层上的像素将以什么样方式进行混合。常用的混合模式有"正片叠底""叠加"和"柔光"等,可大胆地尝试每种混合模式,以确定哪一种对你来说最有效。

38 RGB通道

将RGB通道载入为选区会将图像中最亮的部分加载到选区中。打开"通道"面板,按住Ctrl键单击RGB通道的图层缩略图,即可将该通道上最亮的部分载入为选区。

43 液化纹理

"液化"滤镜可以用来润饰照片或扭曲目标图像,你也可以在一些纹理上应用它来重塑物体周围的图像,然后使用混合模式或调整图层来改善色调。

44 记录动作

Photoshop中的"动作"功能可以帮助你自动执行重复的任务。打开"动作"面板,并单击"创建新动作"按钮,记录你对图像的每一个操作,单击"停止播放/记录"按钮完成录制。之后你就可以将动作应用在任何你想应用的图像上了。

45 钢笔工具

使用钢笔工具可以更准确地创建选区。钢笔工具可以在图像上创建平滑的曲线和锚点,沿着你所需要选中的图像边缘创建路径,并将路径转换为选区,从而准确地选中需要选择的部分。

46 渐变工具

创建一个渐变是非常容易的。在工具箱中选择渐变工具,打开"渐变编辑器"对话框,选择一个你想要的预设,或在渐变色条上单击添加色标并修改色标的颜色,然后移动色标的位置,决定渐变色彩的呈现方式。

39 智能滤镜

当你将滤镜应用于智能对象时,所创建的滤镜效果将在该文档中保存为智能滤镜,方便你在任何时候对滤镜的参数进行重新编辑。

47 半透明图层

当需要制作水纹效果时,请使用一个软边画笔进行涂抹,然后调整其不透明度,以获得透明的质感。

48 渐变蒙版

使用渐变颜色填充图层蒙版可以让你的图像拥有自然的过度效果。为效果图层添加图层蒙版,在工具箱中设置前景色为黑色、背景色为白色,选择渐变工具,在属性栏中选择渐变的方式,然后在图层蒙版上绘制渐变。

49 艺术效果滤镜

若要将照片转换为绘画效果，除了使用混合器画笔在画布上进行涂抹之外，还可以使用"艺术效果"滤镜组中的滤镜为画面添加更多绘画的笔触，如"干画笔"滤镜或"绘画涂抹"滤镜，它们可以为画面增加质感。

50 魔术橡皮擦

想要删除一个纯色的背景，只需要使用魔术橡皮擦工具。在属性栏中设置"容差"的参数，在你想要删除的部分单击鼠标左键即可完成删除。

51 色彩范围

在菜单栏中执行"选择>色彩范围"命令，在打开的"色彩范围"对话框中可以对指定的颜色或颜色范围快速进行选择。使用吸管工具选择初始颜色，并勾选"本地化颜色簇"复选框，调整"颜色容差"和"范围"的参数，选择相似的色彩，并进行编辑。

52 淡出效果

如果你想让一个物体在图像上淡入淡出，创造一种鬼魅般的影像——那就使用仿制图章工具。在属性栏中设置仿制图章工具的参数，降低不透明度和流量，并设置笔刷的"硬度"为0%，在你所需要修改的部分涂抹，即可有效地将它们从场景中清除。

53 眼睛高光

无论你绘制什么样的漫画图像，绝大多数肖像插画都可以从眼部的高光得到增益。选择一个硬边笔刷，根据瞳孔的大小调整笔刷的大小，用它涂抹出明亮的高光。

55 高反差保留

如何锐化图像、保留图像的更多细节？复制原始图像，并将其置于所有图层的上方，在菜单栏中执行"滤镜>其他>高反差保留"命令，在弹出的"高反差保留"对话框中设置"半径"为4-6像素，将该图层混合模式设置为"叠加"，并用蒙版遮盖多余的部分。

56 即时HDR

你可以使用很多方法或插件为图像创建HDR效果，但有一个技巧是最简单的。复制你的图层，并按下Shift+Ctrl+U组合键对其进行去色，将图层的混合模式设置为"叠加"，并调整图层的不透明度。

57 旋转模糊

想要创建圆形的模糊效果时，运动模糊通常是首选。但为什么不试试"模糊画廊"滤镜组中的"旋转模糊"滤镜呢？你可以更加精准地创建想要的效果。

54 流行色彩

在"图层"面板中单击"创建新的填充或调整图层"按钮，在列表中分别选择"曲线"和"色相/饱和度"选项，在"属性"面板中修改它们的参数，降低部分颜色的饱和度，将色彩调整为当前流行的高级灰色彩。

58 文字变形

假如你想要文字遵循一个特定的方向或形状进行扭曲，请用"文字变形"命令。在菜单栏中执行"文字>文字变形"命令，在弹出的"变形文字"对话框中选择你所需要的样式，并设置一个合适的参数，即可完成变形。

59 照片修复

许多人可能会把有划痕、污点或被损坏的旧照片扔掉，但如果你知道如何修复它们，就不必再这样做了。使用仿制图章工具、内容感知移动工具和污点修复画笔工具可以轻松修复图像，你还可以使用普通的笔刷修饰图像的颜色。

60 蒙版

当你只需要对图像上的某一部分进行修改时，使用蒙版来完成这点吧！为你所修改的图层添加图层蒙版，使用黑色填充蒙版，并使用白色涂抹你需要展现的部分。有些时候，颠倒蒙版原本的使用方式，会让修改变得更加简单。

61 滤镜

Photoshop中有很多滤镜，你可以很容易地使用它们创建新的效果。在菜单栏中执行"滤镜>滤镜库"命令，在打开的"滤镜库"对话框中，你可以同时添加一个或多个滤镜，并预览它们叠加在一起的整体效果。

62 置入链接的智能对象

在文档中置入链接的智能对象对于智能编辑非常有用，当你在外部对图片进行修改时，被置入文档中的链接的图像也将出现相应的改变。

63 曝光度调整

怎样快速地调整一张曝光度不足的图像？复制图层，并设置其混合模式为"滤色"，根据实际的效果决定是否调整不透明度。

64 创建画布纹理

置入一个具有画布纹理的素材，并将其置于人物图像的上方，为其添加图层蒙版。使用黑色填充图层蒙版，选择一个边缘不规则的画笔，使用白色在蒙版上涂抹人物主体，即可制作出很酷的绘画效果。

65 外发光

如果你想让一个物体从背景中脱颖而出，为其添加阴影是个不错的主意，不过有时候你也可以试试制作外发光效果。在"图层样式"中调整外发光的颜色、混合模式和不透明度，让图像变得更具活力。

66 保存工作区

在菜单栏中执行"窗口>工作区>新建工作区"命令，在弹出的"新建工作区"对话框中勾选"键盘快捷键"、"菜单"和"工具栏"复选框，并单击"存储"按钮。存储你当前所设置的工作区，这可以让你快速在有需要的时候将工作区切换到自己想要的状态，提高工作效率。

67 快速调整

如果你需要快速对图像进行色调、颜色和对比度上的调整，请用"图像"菜单中的"自动色调""自动对比度"和"自动颜色"命令，可以快速对你的图像进行最基本的调整。

68 曲线-颜色通道

若你的图像上红色、蓝色或绿色分配并不恰当，那么创建一个"曲线"调整图层，在"属性"面板中选择相应的通道，通过调节曲线对颜色进行调整。

69 图层样式

图层样式可以用于对图层或组进行调整，不同图层样式的组合往往会创造出令人惊讶的效果。尝试着为你的图层应用图层样式吧！

70 键盘快捷键

学习Photoshop的快捷键，让繁琐的操作步骤变得简单。你不需要记住每种快捷键的组合，但一定要学会使用最常见的那些，如Ctrl+S组合键对文件进行存储，Ctrl+J组合键复制图层。

71 制作光轨

在城市摄影或具有科幻色彩的图像中，长长的光轨看起来总是令人惊叹。使用钢笔工具创建灯光的轨迹，并为其添加"外发光"图层样式，设置"外发光"的颜色为白色、黄色或红色，即可快速地制作出引人注目的光轨。

72 添加月亮

添加一个月亮图像是非常容易的。将你挑选的月亮素材置入场景中，设置混合模式为"滤色"，以清除背景中黑色的部分。为月亮添加图层蒙版，使用黑色涂抹和山峰重叠的部分。

73 调整亮度

当你需要让人物变得和背景一样亮的时候，选择人物所在的图层，新建一个"色阶"调整图层，在"属性"面板中向左移动中间的滑块照亮人物的身体，并单击"此调整剪切到此图层"按钮，让调整只影响人物图层。

74 创建剪影

你可以借助"色阶"功能更便捷地抠取图像，并创建剪影。打开所选择的鸟图像素材，按下Ctrl+L组合键打开"色阶"对话框，对图像的色阶进行调整以使背景变成白色、群鸟变成黑色。使用魔棒工具选择黑色的剪影，并将剪影复制到我们的合成图像中。

初始图像

75 添加投影

怎样创建一个逼真的投影？新建一个图层，将混合模式设置为-"正片叠底"。选择一个柔边画笔，并调低画笔的"流量"和"不透明度"，使用黑色在图层上涂抹影子。如果你觉得这样画出的影子太过生硬，那就用"高斯模糊"滤镜使它变得更加模糊，或者适当地调低图层的不透明度。

76 可编辑调整

为了保证你可以随时回到旧文档并重新调整图像，请务必随时保存文档。你可以使用调整图层而非在菜单栏中执行"图像>调整"中的命令对图像进行调整，这样当你需要将颜色更改为蓝色而非原本的红色时，只需要重新打开文档修改调整图层，就可以完成对颜色的更改了。

77 添加星空

为图像添加星空效果是一个简单的技术，在原本的图像上置入你所选择的星空素材，将混合模式更改为"滤色"，然后为其添加图层蒙版，在蒙版上擦除多余的部分。

78 创建新快照

快照可以让你在不同版本的图像间进行切换，在"历史记录"面板中单击"创建新快照"按钮即可创建新的快照。

79 创建剪贴蒙版

剪贴蒙版可以将某个效果、调整图层或图像内容限制在基础层上，通过基础层的形状限制上方图层的显示状态。在"图层"面板中选中图层，按下Alt+Ctrl+G组合键即可将该图层上的内容剪切至下一图层。

80 创建智能对象

将多个图层转换为智能对象是组织图层的一种绝妙的方式。Photoshop中有些只能在单一图层上呈现的效果，使用常规的方法合并图层将损害这种效果，但是将多个图层合并到一个智能对象中，就能在不破坏效果的同时仍然保持图层的可编辑性，随时修改那些效果。

81 叠加滤镜

你需要妥善地利用Photoshop的智能滤镜——它可以保证你所设置的滤镜效果的可编辑性，还可以让你在同一个图层上同时应用多个滤镜。你可以随时返回修改任何一个智能滤镜的参数，随心所欲地对图像的效果进行细节的调整。首先将图层转换为智能对象，然后为它添加你想要的滤镜效果。

82 迷幻效果

想让你的图像出现迷幻的光晕吗？新建一个"渐变填充"图层，选择一个色彩丰富的预设，比如"彩虹色_15"，设置"渐变填充"图层的混合模式为"强光"，即可让图像的色彩变得梦幻起来。

83 旋转画布

当你在现实世界进行艺术创作的时候，总是可以很方便地旋转画布以寻找更好的视角。在Photoshop中，你可以使用旋转视图工具达到相同的效果。在工具箱中选择旋转视图工具，在画布上长按鼠标左键并向四周拖曳以进行旋转，或者在属性栏中直接指定画布旋转的角度。

84 液化火焰

"液化"滤镜能够让你修复画面上不正常的扭曲，或对某些物体的形态进行调整。在这里，我们使用"液化"滤镜加大篝火的火势，调整它的方向，创建出贴近真实的变化。

85 快速更改不透明度

如果你需要试验不同的不透明度会让图像呈现出什么样的状态，不必只在"图层"面板中调整"不透明度"的滑块来达成这点。在工具箱中选择一个不具有不透明度设置的工具，如移动工具，在键盘上按下数字键调整不透明度，数字1代表10%的不透明度，数字45代表45%的不透明度，以此类推。当你需要快速将"不透明度"恢复为100%的时候，按下数字键0即可完成。

86 历史记录状态

你可以更改"历史记录"面板所能记载的历史记录的数量。在菜单栏中执行"编辑>首选项>性能"命令，在弹出的"首选项"对话框中，你可以对"历史记录状态"的条数进行修改，降低数值可以提高Photoshop的性能，但增加数值可以提供更多的回退选项。

87 移动和保存样式

通常在一个大的作品中，你总是会发现自己在一次又一次地使用相同的图层样式对图层进行修饰。如果你每次都在使用相同或类似的设置，按住Alt键长按并拖曳图层右侧的fx图标即可将图层样式从本图层复制到另一图层，这样可以有效地节省时间。你也可以保存自己的样式，然后通过在"样式"面板中单击相应的图标为图层应用样式。

88 双重曝光

双重曝光效应是一种能让你的图像变得更加有趣的小技巧。你可以快速地为你的图像应用双重曝光，在图像上方置入你所选择的曝光素材，设置混合模式为"叠加"，然后为其添加图层蒙版，在蒙版上擦除多余的部分，让图像尽可能呈现出有趣的效果。

89 自然饱和度

尝试着使用"自然饱和度"而不是"饱和度"来对图像的颜色进行修改，它可以增强颜色的饱和度，而避免使皮肤的颜色失真。

90 Scrubby滑块

Photoshop中的Scrubby滑块功能可以为你节省大量时间。你可以在"字符"面板或"段落"面板的一些设置中使用它,例如将光标移动到"设置行距"图标上,按住并向左或向右进行拖曳,行距的数值将根据你拖曳的幅度发生改变。

91 精确定位的参考线

参考线的主要作用是确定文字或图像的坐标,以确保位置准确。按下Ctrl+R组合键打开Photoshop的标尺,将光标移动到标尺上并长按鼠标左键向内拖曳即可创建水平或垂直方向的参考线。在菜单栏中执行"视图>对齐"命令,即可更容易地依照参考线精准对齐图像。

92 非破坏性加深和减淡

怎样使用非破坏性的方式对你的图像进行加深或减淡?很简单。在你的目标图层上方新建一个图层,并设置混合模式为"柔光",使用50%的灰色(#808080)填充图层。选择一个柔边画笔,使用黑色涂抹需要加深的部分,使用白色涂抹需要减淡的部分。

93 自定义快捷键

想为你喜欢的工具指定一个快捷键吗?在菜单栏中执行"编辑>键盘快捷键"命令,在弹出的"键盘快捷键和菜单"对话框中即可对快捷键进行自定义设置。

94 制作纹理

怎样使用滤镜自己制作纹理?设置你的前景色和背景色,然后选择一个"渲染"滤镜组中的滤镜,如"云彩"滤镜,你将快速地获得一个以你的前景色和背景色为基础而创建的随机云彩纹理。

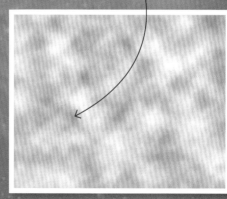

95 调整工具栏位置

在Photoshop中，你可以长按并拖曳工具栏以调整其位置。根据需要让它悬浮在其他面板旁或吸附在Photoshop的两侧，这将会大大提高你的作图效率。

96 差值模式

当你需要将两个具有同样相同像素的图层对齐时，例如在重叠全景图像的时候，更改上一图层的混合模式为"差值"；当图像重叠的部分显示为黑色时，图层即被完美对齐。

97 创建3D文本

Photoshop中的3D工具最有用的一项功能是创建3D文本。你可以随意创建一个文本图层，并在菜单栏中执行"3D>从所选图层新建3D模型"命令，然后在打开的区域中调整各项参数，创建属于你自己的3D文本。

98 使用混合器画笔工具

在工具箱中选择混合器画笔工具，并在属性栏中勾选"对所有图层取样"复选框，将图层的"不透明度"设置为10%。然后新建一个图层，使用混合器画笔工具在画布上涂抹，你将会看到被隐藏的像素被画笔在新的图层上提取了出来。

99 蒙版视图

当你在图层蒙版上进行绘制时，往往很容易遗漏掉一些区域，你可以通过直接查看蒙版来避免这种情况。按住Alt键单击蒙版缩略图即可查看蒙版的状态，单击图层缩略图即可回到原本的视图。

100 照片文本

你可以使用剪切蒙版的技巧将照片剪切在文本上。使用文字工具创建文字图层并输入你的文字，将照片素材放置在文字的上方，并将其设置为文字图层的剪切蒙版，一个简单的照片文本效果就制作好了。

101 Adobe Color 主题

在菜单栏中执行"编辑>首选项>增效工具"命令，在弹出的"首选项"对话框中勾选"启用生成器"复选框，在菜单栏中执行"窗口>扩展功能>Adobe Color Themes"命令，即可打开Adobe Color Themes面板。

102 转换视图的大小

你是否曾经不得不反复缩小或放大视图以对图像进行自由变换或查看图像上的某个关键部分？这实在太繁琐了。按下Ctrl+0组合键即可将当前视图调整到适合屏幕大小的尺寸，从而节省作图的时间。

103 无缝的云

如果画布的像素尺寸是 2的幂（2、4、8、16、32、64、128、256、512、1024等），那么在菜单栏中执行"滤镜>渲染>云彩"命令时，"云彩"滤镜将会以一种完美无缝的纹理方式渲染出云的纹理，你可以多次复制并将它们拼接在一起。

104 编辑文本技巧

如果你需要对几个文字图层的属性进行同样的修改操作，例如修改字体、颜色、大小等，那就按住Shift键在"图层"面板中选中所有需要修改的图层，即可同时在"字符"面板中对它们进行修改。

105 拼合图像

拼合图像意味着这些图层将不再具有可编辑性。如果你想要合并所有图层获得最终效果，请选择所有图层并拖动到"创建新图层"图标处复制它们并拼合，再隐藏原本的所有图层。

106 盖印图层

按下Shift+Ctrl+Alt+E组合键将所有的可见层合并为新图层，图像的效果将在新图层上完美体现，而之前的所有图层也将得到保留。

107 亮度蒙版

打开"通道"面板，按住Ctrl键单击复合通道（RGB或CMYK通道）以将图像的亮部载入选区。新建一个调整图层，例如"亮度/对比度"或"曲线"图层；在"属性"面板中对调整图层的参数进行调整，你将会看到图像的亮部发生了显著的改变，而暗部的效果毫无变化。

108 渲染

在渲染一个3D场景时，首先选择一个小的区域进行渲染。这比直接渲染整个场景要快得多，并且能够在调整纹理和光照时很好地用作渲染效果的测试预览。

109 高级混合

有时候同时使用图层蒙版和图层样式所得到的效果会产生不必要的混合。如果你不想让蒙版控制图层样式的形状，在"图层样式"对话框中查看"高级混合"区域，并勾选"图层蒙版隐藏效果"复选框，你在蒙版上所进行的修改将不再影响你的图层样式。

110 油漆桶工具

油漆桶工具是一个非常好用的颜色填充工具，在工具箱中设置前景色，选择油漆桶工具并在画布上进行单击，即可快速填充颜色。还有一种方式是按Alt+Delete组合键使用前景色填充画布，按Ctrl+Delete组合键使用背景色填充画布。

111 钢笔工具

钢笔工具对于初学者而言可能有点复杂，但它的功能非常强大。绘制锚点并长按拖曳改变它的方向，按住Ctrl键击锚点可以拖动锚点的位置，按住Alt键单击锚点可以调整路径的曲线。

112 存储选区

当你用选区工具创建一些复杂的选区时，保存你所创建的选区会是未来节省时间的好方法。创建选区，并在菜单栏中执行"选择>存储选区"命令，将你的选区保存为通道，即可在有需要的时候快速对选区进行重新选择。

113 矢量蒙板

矢量蒙版比普通的图层蒙版具有更高的精度，因为它是基于你所创造的路径而实现的。如果你需要软化它的边缘，请打开"属性"面板，移动"羽化"的滑块，让蒙版的边缘柔和起来。

114 橡皮带工具

使用钢笔工具时，你可以在属性栏中勾选"橡皮带"复选框，这样当你的钢笔工具在路径上进行移动时，"橡皮带"工具将向你显示下一个锚点的路径预览。

115 充满活力的红色

如何让图像上的红色看起来格外具有活力？添加一个"色相/饱和度"调整图层，选择"红"色相，增加它的饱和度，让图像上的红色脱颖而出。

116 操纵3D效果

Photoshop中的3D功能可以实现从2D到3D的空间切换。通过使用3D工具，你可以轻松创建一个3D形状，并旋转，并通过3D工具来旋转、滚动、拖曳、滑动、缩放和调整形状的位置，让制作3D图像变得简单。

117 修复图像

修补工具和仿制图章工具是在修复图像问题时必不可少的工具。你可以创建一个新的图层，选择仿制图章工具，在属性栏中设置"样本"为"所有图层"，即可在不损坏原图像的同时对图像上的瑕疵进行修改。

118 矢量图

矢量图是可以自由调整大小的图像，你可以使用形状工具创建矢量形状。从简单的树叶到更复杂的图像，在网络上可以搜索到大量的自定形状，可以很方便地下载并导入。

119 怀旧效果

图层蒙版对于制作怀旧效果非常有用，你可以通过很简单的操作让图像更加引人注目。将你选择的纹理图案粘贴到图层蒙版上，即可让图像呈现怀旧效果。

120 混合模式

尝试着将图片分层，并试验每一个混合模式所带来的效果。"滤色""叠加"和"颜色减淡"混合模式总是非常有用的。尝试着使用它们，并调整不透明度颜色改变颜色叠加的效果。

122 画笔预设

不要使用默认的画笔设置，在"画笔设置"面板中，你可以根据具体的需要对画笔的参数进行调整，例如勾选"散布"复选框，让画笔呈现出不规则的分散状态。

121 画笔下载

Photoshop提供了大量的笔刷，而这些笔刷的具体参数都是可以设置和改变的。你也可以从网络上下载更多免费可商用的笔刷，提高你的绘图效率。

123 确认光源

光源是很重要的，特别是你在对多个图像进行合成的时候，弄错光源的位置会让图像看起来很不自然。你需要确认光源的位置，然后确保阴影和反射也都在正确的位置上。

124 拉直图像

无论你使用的是Photoshop的哪个版本，其中都提供了几种易于使用的校正工具和技术.在工具箱中选择透视裁剪工具，在画布上长按并拖曳鼠标左键绘制裁剪框，通过移动四个控制点使裁剪框的边缘和相框贴合以拉直图像。

125 保持学习

保持对新知识的渴望，永远不要停止学习！你不会知道所有的Photoshop运用技巧，时刻拓展你的知识面，并寻找新的学习资源，你会发现总有一些新技巧是值得学习的。

使用钢笔工具让艺术创作变得简单

使用形状和钢笔工具创建几何图像，制作一个多彩的驯鹿插图

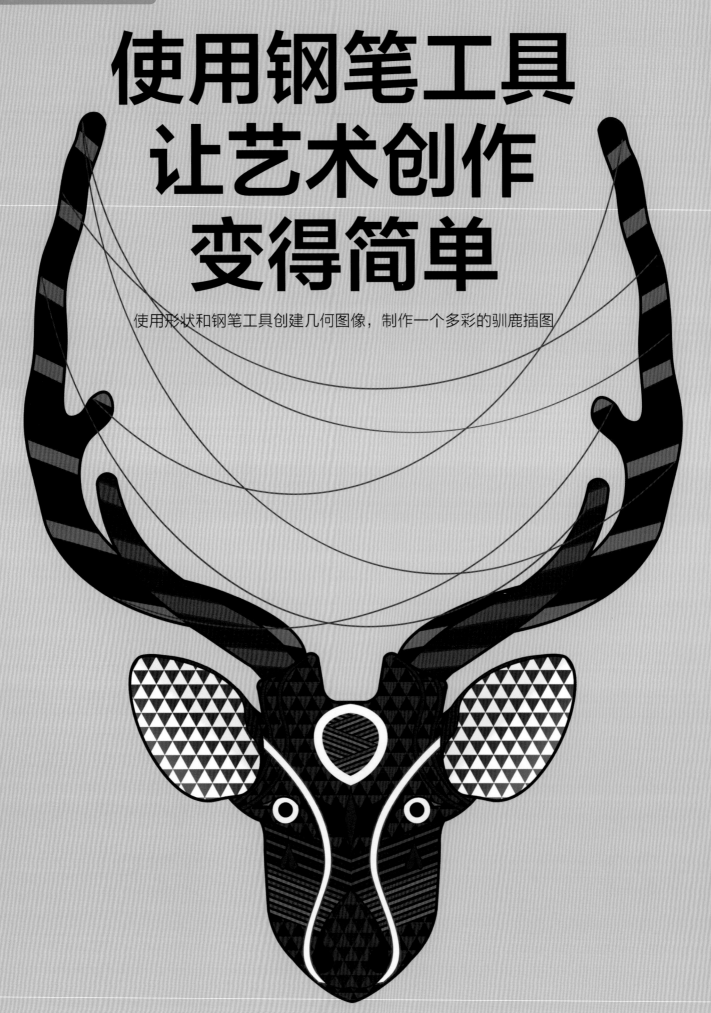

这幅驯鹿图中的所有形状都是非常基础的，但当它们组合在一起的时候，就形成了一个复杂的插图。本次教程重点关注的是钢笔工具、形状工具和路径，并将讲解示范使用钢笔绘图的一些基本技巧。

如果你是初学者，不要因为对钢笔工具的不熟悉而气馁！只要你开始使用它，就会发现它用起来越来越容易。

这种插图最妙的地方就在于它是完全对称的，这在绘图时将是种巨大的优势，意味着你可以只绘制图像的半边，然后简单地复制翻转就可以得到一个完整的图像。这一技术将在本次教程中反复使用，以节省大量的时间，并让图像看起来更加整洁。

当你仔细看这幅插图的时候，你会发现它是完全对称的。

新建文档并新建参考线

01 在Photoshop中新建一个"宽度"为22厘米、"高度"为30厘米、"分辨率"为300像素/英寸、"颜色模式"为"CMYK颜色"的文档，并命名为"插图"。在菜单栏中执行"视图>新建参考线"命令，在弹出的"新建参考线"对话框中设置"取向"为"垂直"、"位置"为11厘米，并单击"确定"按钮。

置入参考图像

02 从文件夹中选择"鹿"图像文件并置入，调整其位置和大小，稍微倾斜一下图像，让参考线位于鹿头的垂直中间位置。

对称图像

03 使用矩形选框工具依照参考线选中图像的左半部分，按Ctrl+J组合键复制选区内的图像为新图层。再次复制一层，按下Ctrl+T组合键将图像进行水平方向的翻转，拖曳到图像的右侧并对齐。

绘制路径

04 在工具箱中选择钢笔工具，依照参考线作为分割，沿着驯鹿左脸的轮廓多次单击绘制闭合的路径。我们暂且只使用钢笔工具绘制直线，而每个锚点所在的位置就是驯鹿轮廓弧形的起点和终点。

弯度钢笔工具

05 在工具箱中选择弯度钢笔工具，在每段路径中间长按并拖曳鼠标左键，对路径的弧度进行修改，使其线条更加流畅自然。你还可以按住Ctrl键并单击某一锚点，然后长按并拖曳移动该锚点的位置。

路径转换为形状

06 在属性栏中单击"形状"按钮，将路径转换为形状。在工具箱中选择矩形工具，在属性栏中设置"填充"为"无颜色"、"描边"为5像素，随意设置一个描边颜色，此处设置为白色。

复制并合并形状

07 按Ctrl+J组合键复制形状，并按Ctrl+T组合键将形状进行水平翻转，并拖曳到参考线的右侧，对齐两个形状的边缘。选中两个形状图层并右击，在快捷菜单中选择"合并形状"命令，并在属性栏中设置"路径操作"为"合并形状"。

点石成金

如何闭合路径？

钢笔工具能够在Photoshop中创建矢量路径，并对路径进行编辑。如果你需要绘制一个闭合的路径，请在结束绘制的时候单击你所绘制的第一个（空心）锚点，当钢笔工具指针右侧出现一个小圆圈时，单击或拖动鼠标左键即可闭合路径。

假如你并不需要闭合路径，按住Ctrl键并单击所有锚点和路径之外的位置，或在工具箱中选择其它工具，即可结束钢笔工具的使用。

绘制耳朵

08 在"路径"面板中双击"工作路径"路径，在弹出的"存储路径"对话框中设置"名称"为"头"，并单击"确定"按钮。单击"创建新路径"按钮，并将新创建的路径重命名为"耳1"，使用弯度钢笔工具绘制驯鹿耳朵的轮廓。

填充耳朵

09 在属性栏中单击"形状"按钮，将路径转换为形状。在工具箱中选择矩形工具，在属性栏中设置"填充"的颜色为#996446、"描边"的颜色为#100b0f，并设置描边宽度为10像素。

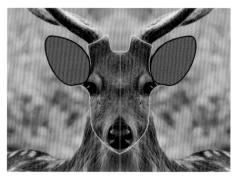

复制并移动耳朵

10 按Ctrl+J组合键复制耳朵形状，并按Ctrl+T组合键对耳朵进行水平方向的翻转，按住Shift键按住并拖曳耳朵形状到参考线右侧，使两侧的耳朵保持对称。

补充连接

11 新建一个路径，并重命名为"耳2"，同样使用弯度钢笔工具依照耳朵的形状绘制耳朵和头部的连接点，注意线条要平滑。

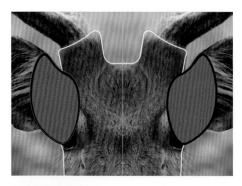

转换和复制

12 将路径转换为形状，选择矩形工具，在属性栏中设置"填充"的颜色为#996446、"描边"的颜色为#100b0f，设置描边宽度为10像素，并使用之前的方法制作右侧对称的形状。

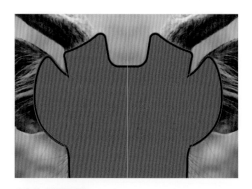

制合并形状

13 在"图层"面板中选中之前所制作的面部轮廓和两块与耳朵连接部位的形状，并单击鼠标右键，在弹出的快捷菜单中选择"合并形状"命令。

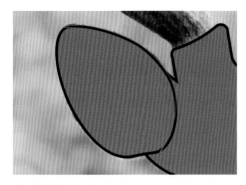

丰富耳朵细节

14 在"路径"面板中复制"耳2"路径，并使用弯度钢笔工具对路径进行修改。在画布上单击选中多余的节点并按下Delete键进行删除，然后使用弯度钢笔工具修改路径的弧度。

制作形状

15 将路径转换为形状，选择矩形工具，在属性栏中设置"填充"的颜色为#996446、"描边"的颜色为#100b0f，设置描边宽度为5像素，并在右侧制作对称的形状。

整理图层

16 在"图层"面板中新建两个图层组，分别命名为"头"和"耳"，归类目前所绘制的形状图层，并使"耳"图层组位于"头"图层组的上方。

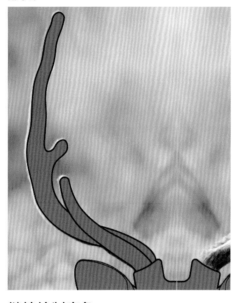

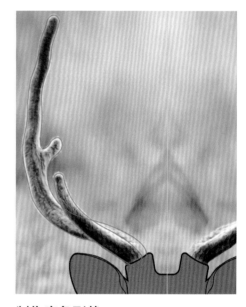

绘制鹿角

17 在"路径"面板中创建新路径，并重命名为"角1"，结合使用钢笔工具和弯度钢笔工具绘制较短的鹿角。

继续绘制鹿角

18 再次新建一个路径，并重命名为"角2"，结合使用钢笔工具和弯度钢笔工具绘制较长的鹿角，注意让线条保持柔和自然。

制作鹿角形状

19 分别将"角1"和"角2"路径转换为形状，并让较短的角位于较长的角的上方。在"图层"面板中选中两个形状图层，按Ctrl+G组合键收入到组中，重命名组为"角"，并将"角"图层组拖曳到"头"图层组下方。

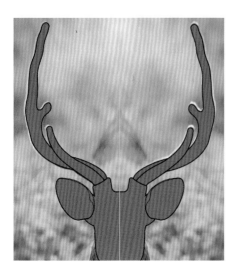

对称的鹿角

20 打开"角"图层组，选中两个形状图层，复制、水平翻转并拖曳到画布右侧，制作出对称的鹿角。

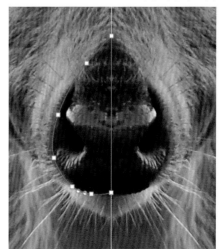

绘制鼻子

21 新建一个路径，并重命名为"鼻"，结合使用钢笔工具和弯度钢笔工具，依照驯鹿鼻子原有的形状绘制左半边鼻子。

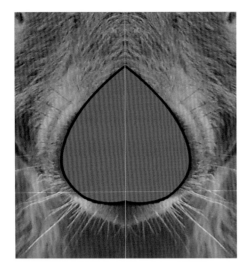

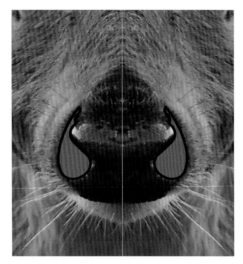

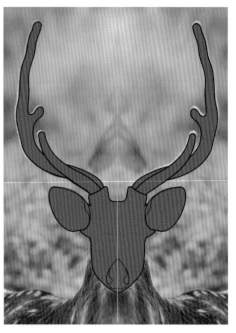

合并鼻子

22 将路径转换为形状，按下U快捷键选择矩形工具，在属性栏中设置"填充"的颜色为#996446、"描边"的颜色为#100b0f，设置描边宽度为5像素。复制和翻转形状，将两个形状的边缘对齐，然后合并两个形状，制作出一个完整的鼻子。

绘制鼻孔

23 新建一个路径，并重命名为"鼻2"，依照驯鹿鼻孔的形状绘制路径，并将路径转换为形状，复制一层，制作出对称的鼻孔。按下U快捷键切换矩形工具，使用鼻子的颜色参数设置鼻孔的"填充"颜色和"描边"颜色。

整理图层

24 在"图层"面板中选中鼻子和鼻孔所在的图层，并按下Ctrl+G组合键收入组中，重命名为"鼻"。让"鼻"图层组位于"头"图层组的上方。

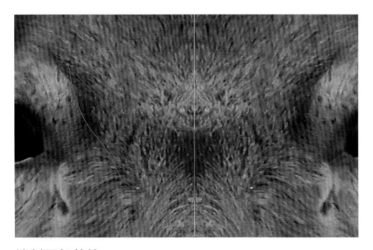

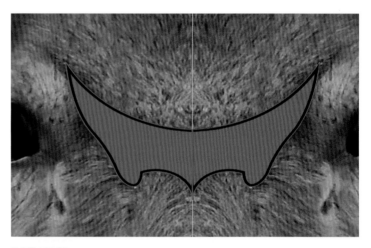

绘制面部花纹

25 新建一个路径，并重命名为"脸1"，结合使用钢笔工具和弯度钢笔工具绘制驯鹿面部中央的花纹，注意使线条平滑。

制作形状

26 将路径转换为形状，并对其进行"填充"和"描边"，参数和鼻子相同。复制并制作对称的形状，然后合并两个形状图层。

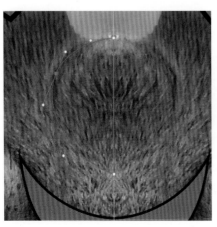

绘制额头花纹

27 新建一个路径，并重命名为"脸2"，结合使用钢笔工具和弯度钢笔工具绘制驯鹿额头的花纹。

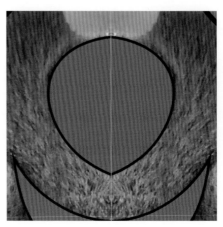

制作形状

28 将路径转换为形状，并对其"填充"和"描边"，参数和鼻子相同。复制并制作对称的形状，然后合并两个形状图层。注意让连接点保持平滑。

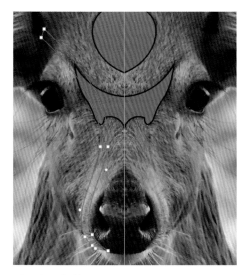

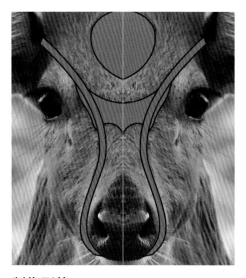

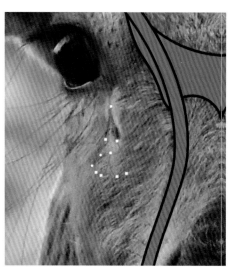

绘制更多花纹

29 新建一个路径，并重命名为"脸3"，结合使用钢笔工具和弯度钢笔工具，顺着驯鹿面部突出的轮廓绘制路径，注意使线条平滑，并尽量让形状的粗细保持一致。

制作形状

30 将路径转换为形状，并对其"填充"和"描边"，参数和鼻子相同。复制并制作对称的形状，并使这一花纹位于面部其他花纹的上方。

绘制心形

31 驯鹿眼睛的下方有着类似心形的花纹。新建一个图层，并重命名为"心形"，结合钢笔工具和弯度钢笔工具，依照原本花纹的线条绘制一个更大的心形路径。

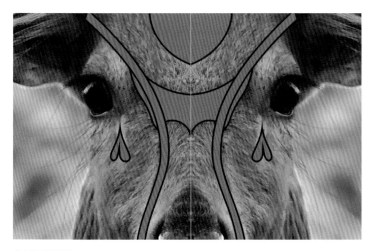

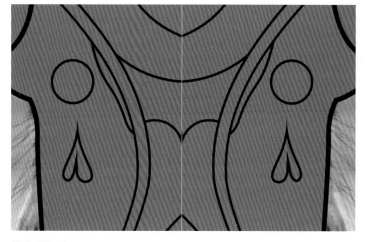

制作形状

32 将路径转换为形状，并对其"填充"和"描边"，参数和其他花纹相同。复制并制作对称的花纹，然后调整两个心形的位置。在"图层"面板中选中所有花纹图层，并按下Ctrl+G组合键收入到组中，重命名为"脸"，并让"脸"图层组位于"鼻"图层组的上方。

绘制眼睛

33 在工具箱中选中椭圆工具，按住Shift键在画布上绘制一个正圆，并移动到合适的位置。在属性栏中对其"描边"和"填充"，复制所绘制的正圆，按住Shift键将其拖曳至画布的右侧，使眼睛的形状对称。

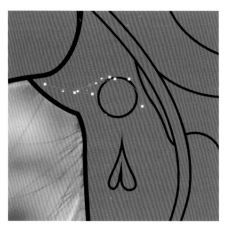

绘制睫毛

34 驯鹿有着长长的睫毛。在"路径"面板中新建一个路径，并重命名为"眼"，结合使用钢笔工具和弯度钢笔工具绘制驯鹿的睫毛，注意让睫毛和眼睛的形状相贴合，并适当拉长睫毛的末端。

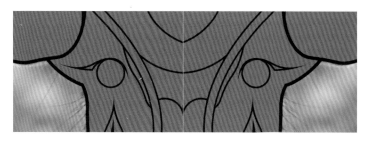

制作形状

35 将路径转换为形状，并对其"填充"和"描边"。复制并制作对称的睫毛，选中睫毛和眼睛所在的形状图层，按下Ctrl+G组合键收入到组中，并重命名为"眼"。

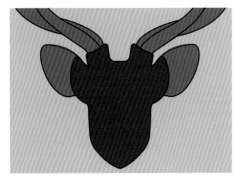

头部颜色

36 选中头部轮廓所在的形状，双击其图层缩略图，在弹出的"拾色器（纯色）"对话框中设置颜色为#0c454a，并单击"确定"按钮。

等边三角形

37 在工具箱中选择多边形工具，在属性栏中设置"边"为3，并设置"描边"为"无颜色"、"填充"为#293444，按住Shift键，在画布上绘制一个等边三角形。

制作花纹

38 按Ctrl+T组合键调整三角形的大小，按住Alt键多次拖曳复制三角形，将它们错位排列为规律的图案，然后合并所有的三角形。

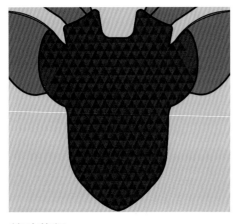

剪贴蒙版

39 将合并后的多边形图层的混合模式设置为"线性加深"，并将其设置为头部轮廓形状的剪贴蒙版图层，让三角形大致铺满头部。

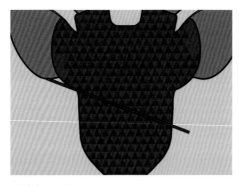

绘制矩形

40 使用矩形工具在画布上绘制一个细长的矩形，并按Ctrl+T组合键对其进行自由变换，倾斜一定的角度。在属性栏中设置"填充"的颜色为#293444、"描边"的颜色为#0b0c1c、描边宽度为5像素。

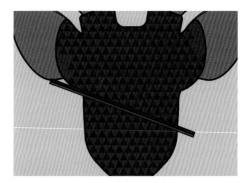

复制矩形

41 按Ctrl+J组合键复制一层矩形，并移动复制的矩形，让两个矩形的边缘相接。在"图层"面板中双击所复制的矩形形状的图层缩略图，在弹出的"拾色器（纯色）"对话框中更改颜色为#29574e。

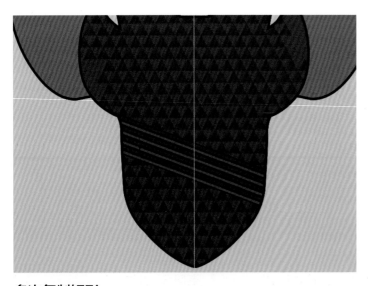

多次复制矩形

42 多次复制两个矩形并整齐排列，在"图层"面板中选中所有的矩形形状，并设置为头部轮廓形状的剪贴蒙版。

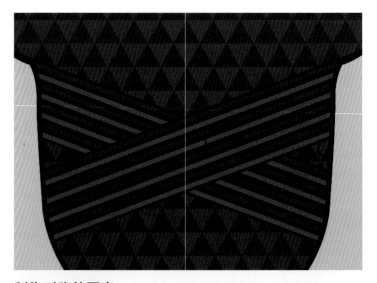

制作对称的图案

43 再次选中所有矩形形状，按Ctrl+J组合键进行复制，按Ctrl+T组合键对图像进行水平方向的翻转，并按住Shift键移动到合适的位置，让图像的交叉点位于参考线上。

删除多余图像

44 为第一个矩形图层添加图层蒙版，使用选区工具依照参考线选中图像右边多余的部分，并在图层蒙版上填充选区为黑色。

复制蒙版

45 按住Alt键并拖曳图层蒙版，将图层蒙版复制到其他位于左侧的矩形形状图层上，删除所有左侧条纹上多余的图像。

删除多余图像

46 使用相同的方式删除右侧条纹多余的图像，让图案变成一个对接在一起的V形条纹。

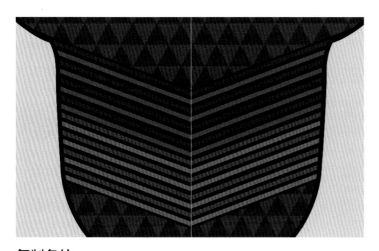

复制条纹

47 复制所有的条纹，并使其和原本的条纹底部对齐。在"图层"面板中双击矩形的图层缩略图，在弹出的"拾色器（纯色）"对话框中分别更改条纹的颜色为#953f3f和#9a6446。

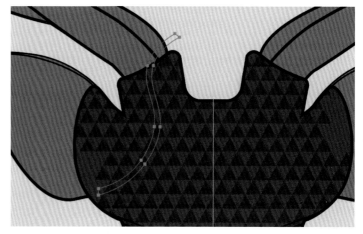

绘制曲线

48 在"路径"面板中新建一个路径，并重命名为"波浪"。结合使用钢笔工具和弯度钢笔工具绘制一条柔滑的波浪线，并尽量使路径的宽度一致。

制作形状

49 将路径转换为形状，按U快捷键选择矩形工具，并在属性栏中设置形状的"填充"颜色为#99223b、"描边"颜色为#0b0c1c、描边宽度为5像素。

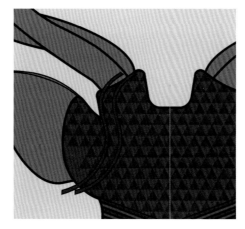

复制形状

50 按Ctrl+J组合键复制形状，并移动到合适的位置。将两条波浪线所在的形状设置为头部形状的剪贴蒙版。

对称形状

51 选中两条波浪线，按住Alt键拖曳复制图层，并按Ctrl+T组合键对形状进行水平方向的翻转，移动其位置使图像左右对称。

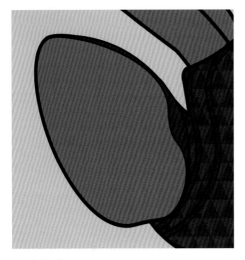

填充颜色

52 打开"耳"图层组，双击耳朵边缘所在形状的图层缩略图，在弹出的"拾色器（纯色）"对话框中更改颜色为#123846。

填充渐变

53 选中耳朵所在的形状，按U快捷键选择矩形工具，在属性栏中设置形状填充类型为"渐变"，在"图层"面板中双击耳朵形状的图层缩略图，在弹出的"渐变填充"对话框中设置"样式"为"线性"、"角度"为47度、"缩放"为56%，勾选"仿色"和"与图层对齐"复选框。

编辑渐变

54 双击"渐变"右侧的渐变色条，在弹出的"渐变编辑器"对话框中设置4个色标，设置第一个色标的"颜色"为#5a6c62、第二个色标的"颜色"为#224c4e、第三和第四个个色标的"颜色"为#0c454a，大致调整其位置，并单击"确定"按钮。

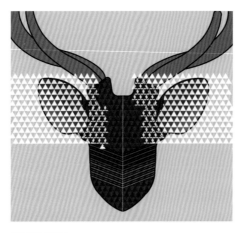

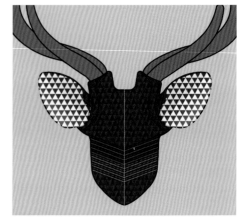

继续编辑渐变

55 对右侧的耳朵进行同样的设置，唯一的不同点在于右边耳朵的渐变要和左边刚好相反，因此其角度应当设置为134度。

叠加图案

56 复制之前制作的三角形纹理图层，并设置其颜色为#0b0c1c、混合模式为"叠加"，让图案对称地铺满驯鹿的两只耳朵。

剪贴蒙版

57 在"图层"面板中选中两只耳朵所在的图层，按Ctrl+G组合键收入到组中，并将两个三角形纹理图层设置为图层组的剪贴蒙版。

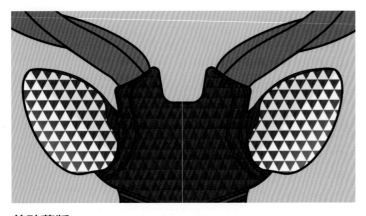

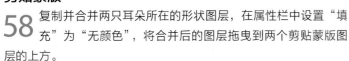

剪贴蒙版

58 复制并合并两只耳朵所在的形状图层，在属性栏中设置"填充"为"无颜色"，将合并后的图层拖曳到两个剪贴蒙版图层的上方。

制作眼睛

59 在"眼"图层组中选中两个椭圆形状图层，在属性栏中设置"填充"的颜色为#0b0c1c、"描边"的颜色为#ffffff、描边宽度为20像素。选中两个睫毛所在的形状图层，在属性栏中设置"填充"的颜色为#9a6446、"描边"的颜色为#0b0c1c、描边宽度为5像素。

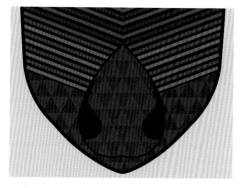

设置鼻子颜色

60 打开"鼻"图层组，分别更改鼻子的颜色为#293444、两边鼻孔的颜色为#0b0c1c。

叠加纹理

61 复制之前所制作的三角形纹理图层，将其拖曳至鼻子形状图层的上方，更改其颜色为#0c454a、混合模式为"正常"。调整其位置，让图案沿参考线对称，并设置为鼻子形状的剪贴蒙版。

点石成金

✦ 锚点转换的技巧

使用钢笔工具绘制完路径或形状后，可以对锚点进行转换。使用直接选择工具可以移动锚点，按住Ctrl+Alt组合键，切换为转换点工具，单击并拖曳锚点，可将其转换为平滑点；按住Ctrl+Alt组合键单击平滑点时可转换为角点。

使用钢笔工具时，将光标移到锚点上时，按住Alt键可转换为点工具，同样单击拖曳锚点可转换为平滑点；按住Alt键单击平滑点时可转换为角点。

设置面部形状颜色

62 打开"脸"图层组，更改面部中央图案的颜色为#0b0c1c，并在属性栏中更改面部两侧流线型轮廓的"填充"颜色为#ffffff、"描边"颜色为#953f3f。

继续设置面部形状颜色

63 在属性栏中更改两个心形的"填充"颜色为#99223b、"描边"颜色为#0b0c1c。接着改额头图案的"描边"颜色为ffffff、描边宽度为30像素。

绘制菱形

64 按住Shift键，使用矩形工具在画布上绘制一个正方形，按Ctrl+T组合键对形状进行45度的倾斜，按Enter键进行确定，并再次按Ctrl+T组合键对图像执行自由变换，拉长正方形为菱形。

制作图案

65 复制之前所制作的橙红相接的条纹图案图层，并删除其图层蒙版。将图案拖曳到驯鹿额头图案的上方，按Ctrl+T组合键调整图案的大小和位置。

剪贴蒙版

66 再次复制条纹图案，并调整其位置，使其边缘与原本的图案贴合交错显示。将所有的条纹图案设置为额头图案的剪贴蒙版。

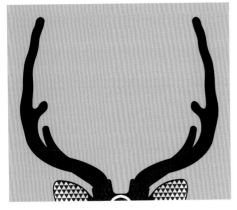

设置鹿角颜色

67 打开"角"图层组，修改两根较长的鹿角的颜色为#0b0c1c、两根较短的鹿角的颜色为#293444。

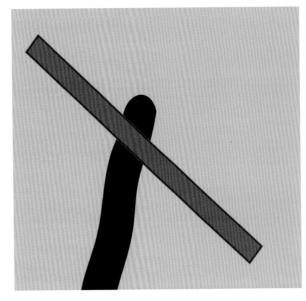

绘制矩形

68 使用矩形工具在画布上绘制一个宽度约为鹿角宽度的二分之一的矩形，设置其"填充"颜色为# 9a6446、"描边"颜色为#293444、描边宽度为5像素，并按Ctrl+T组合键对图像执行自由变换，倾斜图像的角度为40度。

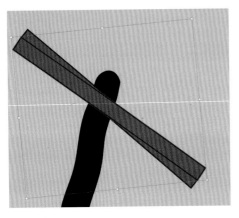

自由变换

69 按Ctrl+J组合键复制矩形，按Ctrl+T组合键对图像执行自由变换，倾斜图像的角度为−5度。

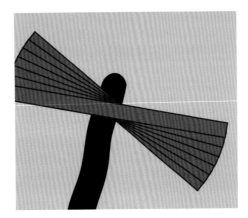

重复上一步操作

70 连续5次按Shift+Ctrl+Alt+T组合键，继续制作5个倾斜的矩形。

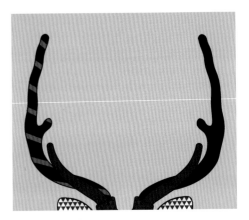

剪贴蒙版

71 使用移动工具将每个矩形移动到合适的位置，并将所有矩形设置为左侧长鹿角图层的剪贴蒙版。

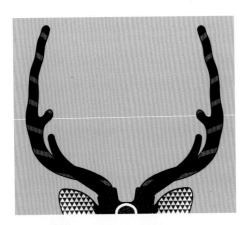

对称图案

72 按Ctrl+J组合键复制所有的矩形，并设置为右侧鹿角的剪贴蒙版，按Ctrl+T组合键对图像进行水平方向的翻转，并使两侧的图案对称。

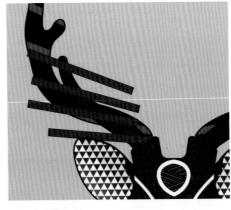

制作图案

73 使用同样的方法制作较短鹿角的图案，设置"填充"颜色为#953f3f、"描边"颜色为#99223b，让最初的矩形只倾斜20度，然后按照−5度的规律制作剩下的三个矩形。

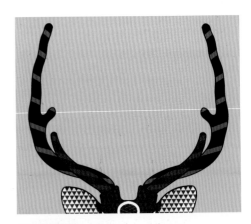

剪贴蒙版

74 将4个矩形设置为左侧短鹿角的剪贴蒙版，并复制和水平翻转，为右侧的短鹿角添加同样的纹理，你会发现红色和蓝色的组合分外和谐。

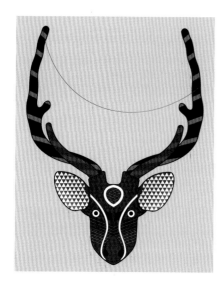

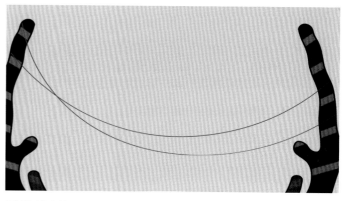

绘制红线

75 在工具箱中选择弯度钢笔工具，选择工具模式为"形状"，设置"填充"为"无颜色"、"描边"颜色为#953f3f、描边宽度为5像素。在所有图层上方新建一个组，并重命名为"红线"，在组中新建一个图层，使用弯度钢笔工具绘制挂在驯鹿角上的红线。

继续绘制红线

76 使用同样的方法绘制第二条红线，注意要有垂落的质感，让它们挂在鹿角上交错在一起。

更多红线

77 使用同样的方法绘制更多错落的红线，注意在每次绘制之前，你都需要新建一个图层，不然形状会错乱地堆在一起。当图像绘制完成后，添加一个背景，可以使用这样的纯色，本案例的颜色是#e2c7b8，一个暖色调的粉灰；也可以为图像添加其他背景。一幅漂亮的插画就这样绘制完成了，接下来你可以试试将它放在其他载体上。

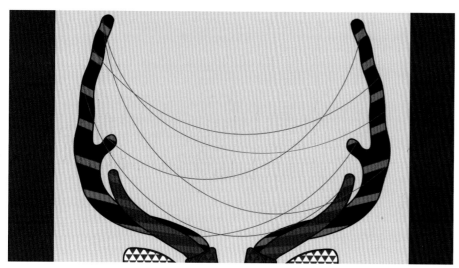

你可以用这个图案做什么？

做一个抱枕

这是一幅矢量图像，你可以将它在Photoshop中任意地放大或缩小而不损失图像原本的质量，这让它格外地适合印刷。

根据需要将插图缩放到合适的大小，并将插图保存为没有背景的PNG格式图像文件。将它发给可以自定义印刷图案的商家，就可以看到你所设计的图案出现在抱枕、水杯、挎包或手机壳上了。你甚至可以将图案上传到一些免费素材网站上，共享给他人使用。

那么，你还在犹豫什么呢？快来设计属于你自己的矢量图像吧！

混合模式

运用Photoshop最强大的功能之一的力量，为图像的视觉效果增添活力

你有没有拍摄过一张不够具有活力的照片？使用混合模式会是将你的图像制作水平提升到更高层次的完美方式。混合模式允许你指定图层上的颜色与其下层图像的颜色进行混合的方式，只需要在"图层"面板中选择一个图层，单击"正常"下拉按钮，在下拉列表中选择一个混合模式即可。

一直以来都非常流行的双重曝光效果也可以使用混合模式制作，你可以让一个图像和另一个图像混合在一起，也可以使用这种方式加强图像的高光和阴影。

想要让图像变得更令人惊奇吗？你可以结合图层的混合模式设计出更加超现实的图像。你也可以使用混合模式增强复杂的元素，或对图像的颜色、纹理等进行整体调整。通过本章内容的学习，你将学习到如何在工作中更好地应用混合模式。

你将学到什么……

混合照片
使用纹理和图层创建出一个令人惊叹的彩色双重曝光图像。

绘制水波纹
学习使用自定义笔刷绘制清新逼真的水面波纹，提高你的绘图技术。

创建文本
试验并设置混合模式，以混合色彩美丽的图像和堆叠图像的抽象文本。

超现实主义
在混合模式、图层蒙版和调整图层等的帮助下，创建出一个超现实的图像。

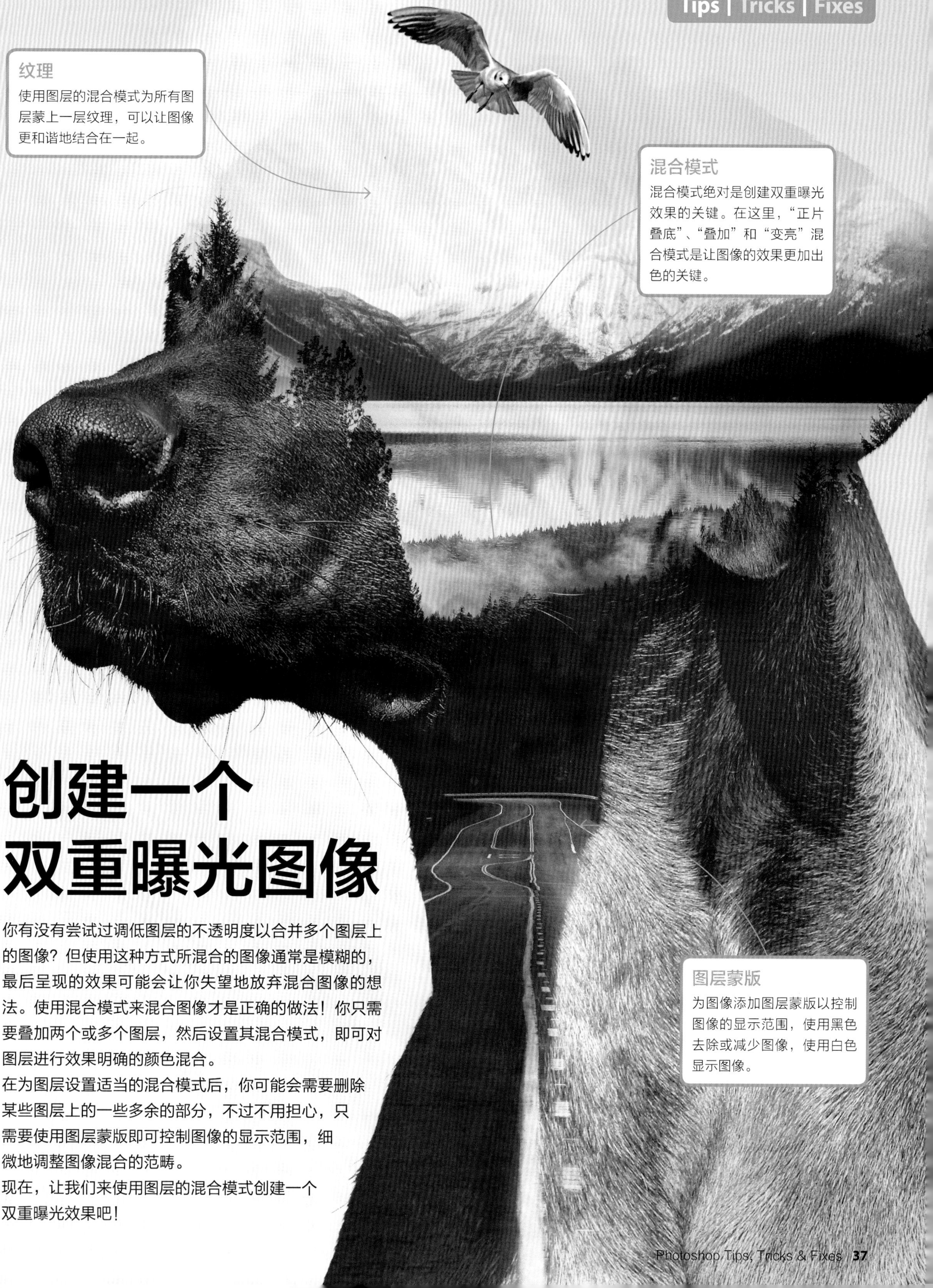

纹理

使用图层的混合模式为所有图层蒙上一层纹理，可以让图像更和谐地结合在一起。

混合模式

混合模式绝对是创建双重曝光效果的关键。在这里，"正片叠底"、"叠加"和"变亮"混合模式是让图像的效果更加出色的关键。

创建一个
双重曝光图像

你有没有尝试过调低图层的不透明度以合并多个图层上的图像？但使用这种方式所混合的图像通常是模糊的，最后呈现的效果可能会让你失望地放弃混合图像的想法。使用混合模式来混合图像才是正确的做法！你只需要叠加两个或多个图层，然后设置其混合模式，即可对图层进行效果明确的颜色混合。

在为图层设置适当的混合模式后，你可能会需要删除某些图层上的一些多余的部分，不过不用担心，只需要使用图层蒙版即可控制图像的显示范围，细微地调整图像混合的范畴。

现在，让我们来使用图层的混合模式创建一个双重曝光效果吧！

图层蒙版

为图像添加图层蒙版以控制图像的显示范围，使用黑色去除或减少图像，使用白色显示图像。

新建文档并置入素材

01 新建一个"宽度"为22厘米、"高度"为30厘米、"分辨率"为300像素/英寸、"颜色模式"为"RGB模式"的文档，并命名为"双重曝光"。从文件夹中选择"狗"图像文件置入，并调整其位置和大小。

颜色填充

02 在"图层"面板中选中"背景"图层，并单击"创建新的填充或调整图层"按钮，在列表中选择"纯色"命令，在弹出的"拾色器（纯色）"对话框中设置颜色为#cbb9ad，单击"确定"按钮。

置入素材

03 从文件夹中选择"素材"图像文件置入，并调整其位置和大小。在"图层"面板中设置其混合模式为"变亮"。在"素材"图层上单击鼠标右键，在弹出的快捷菜单中选择"创建剪贴蒙版"命令。

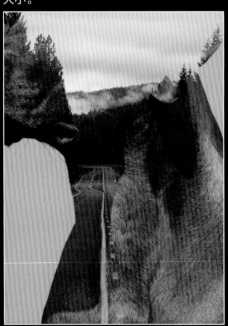

擦除多余图像

04 在"图层"面板中选中"素材"图层，并单击"添加图层蒙版"按钮。在工具箱中选择画笔工具，并设置前景色为黑色，使用画笔工具在画布上进行涂抹，擦除多余的图像。

继续置入素材

05 从文件夹中选择"素材（2）"图像文件置入，并调整其位置和大小，将其混合模式设置为"正片叠底"，并设置为"狗"图层的剪贴蒙版。

擦除多余图像

06 栅格化"素材（2）"图层。在工具箱中选择污点修复画笔工具，涂抹公路上过于明显的线条以修复图像。为"素材（2）"图层添加图层蒙版，选择画笔工具，设置画笔的"流量"为50%、"硬度"为0%，使用黑色在蒙版上擦除图像上多余的部分。

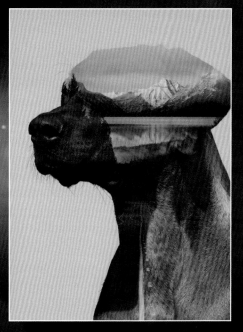

继续置入素材

07 从文件夹中选择"素材（3）"图像文件置入，调整其位置和大小，设置其混合模式为"正片叠底"，并设置为"狗"图层的剪贴蒙版。

擦除多余图像

08 为"素材（3）"图像文件添加图层蒙版，选择画笔工具，使用黑色在蒙版上擦除多余的图像，只保留和天空重合的部分。

添加纹理

09 从文件夹中选择"素材（4）"图像文件置入，并调整其位置和大小，设置其混合模式为"叠加"，让其位于所有图层的最上方。

置入鸟

10 从文件夹中选择"鸟"图像文件置入，并调整其位置和大小，让鸟翱翔在天空上方。

匹配颜色

11 按Shift+Ctrl+Alt+E组合键盖印当前图像为新图层。在"图层"面板中选中"鸟"图层，在菜单栏中执行"图像>调整>匹配颜色"命令，在弹出的"匹配颜色"对话框中设置"明亮度"为30、"颜色强度"为100、"渐隐"为10，设置"源"为"双重曝光.psd"、"图层"为"图层1"，并单击"确定"按钮。

模糊鸟

12 取消"图层1"图层的可见性，选中"鸟"图层，在菜单栏中执行"滤镜>模糊>高斯模糊"命令。在弹出的"高斯模糊"对话框中设置"半径"为0.8像素。对鸟进行稍许模糊，让它看起来距离镜头较远。

模糊山峰

13 选中"素材（3）"图层，在菜单栏中执行"滤镜>模糊>高斯模糊"命令，在弹出的"高斯模糊"对话框中设置"半径"为2像素，并单击"确定"按钮。选中滤镜蒙版，使用渐变工具在滤镜蒙版上绘制一个由白到黑的线性渐变，让山峰从上至下呈现出从模糊到清晰的效果。

绘制
水面波纹

要让水面的波纹看起来更有活力，你需要先调制出水的基础颜色。这会是介于深色和浅色之间的中间色调，你可以使用两种混合模式在它的基础上添加水波纹的高光和阴影，如"正片叠底"和"线性减淡（添加）"。选择一个合适的笔刷，并对它的"硬度"和"流量"等参数进行设置，加强海面上水流涌动的感觉，让图像看起来更像是一幅画。最后，别忘了使用喷溅笔刷重新绘制出在岸边溅起的浪花，让画面看起来更有活力，也更具浪漫感。

色彩平衡

使用"色彩平衡"调整海面的颜色，加强海面的蓝色，让整体的色调更加统一和谐。

混合模式

使用"正片叠底"混合模式
绘制阴影，使用"线性减淡
（添加）"混合模式绘制高
光，改变水流的走向，让图
像看起来更具活力。

点石成金

对混合效果进行测试

变亮系的混合模式增强了色彩的活
力，让颜色看起来更加明亮。变暗系的混
合模式增强了颜色的对比度，创建出更暗
的混合效果。你可以对每种混合模式进行
试验，以了解各种混合模式都会产生什么
样的效果，从而在有需要的时候能够更好
地应用它们。

初始图像

打开并复制图像

01 从文件夹中选择"灯塔"图像文件并打开,按Ctrl+J组合键复制"背景"图层。

修补画面瑕疵

02 从工具箱中选择仿制图章工具,按住Alt键选择一个源,沿着礁石的边缘涂抹遮盖多余的人物。

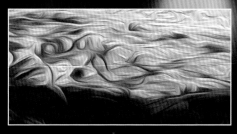

"油画"滤镜

05 按Ctrl+J组合键复制一层,并将所复制的图层转换为智能对象。在菜单栏中执行"滤镜>风格化>油画"命令,在弹出的"油画"对话框中设置"描边样式"为10、"描边清洁度"为10、"缩放"为10、"硬毛刷细节"为1.4,勾选"光照"复选框,设置"角度"为90度、"闪亮"为3.3,并单击"确定"按钮。

"木刻"滤镜

03 将图层转换为智能对象,在菜单栏中执行"滤镜>滤镜库"命令,在弹出的"滤镜库"对话框中选择"艺术效果>木刻"滤镜,设置"色阶数"为6、"边缘简化度"为1、"边缘逼真度"为3。

擦除多余图像

04 按B快捷键切换至画笔工具,设置画笔的"硬度"为0%、"流量"为30%。在"图层"面板中选中智能滤镜的滤镜蒙版,使用黑色在蒙版上擦除天空和礁石上多余的滤镜效果。

盖印图层

07 按Shift+Ctrl+Alt+E组合键盖印当前图像为新图层,并在"图层"面板中设置其混合模式为"柔光"。

擦除多余图像

06 为当前图层添加图层蒙版,并选择一个柔边画笔,使用黑色在蒙版上涂抹图像上天空的部分。

色彩平衡

08 新建一个"色彩平衡"调整图层,在"属性"面板中设置"青色–红色"为-100、"洋红–绿色"为+40、"黄色–蓝色"为+67,填充"色彩平衡"调整图的图层蒙版为黑色。在工具箱中选择画笔工具,设置"硬度"为50%、"流量"为80%,使用白色在蒙版上涂抹海水所在的部分。

正片叠底

09 新建一个图层,设置其混合模式为"正片叠底",并设置为"色彩平衡1"调整图层的剪贴蒙版。在工具箱中设置前景色为#0e5f8a,选择画笔工具,设置画笔的"硬度"为0%、"流量"为10%,根据需要灵活调整画笔工具的大小,在画布上绘制海水起伏的暗面。

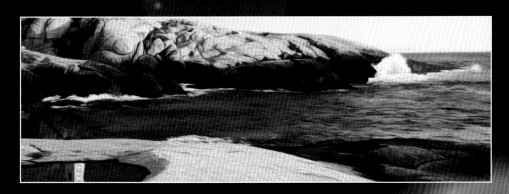

线性减淡(添加)

10 新建一个图层,设置其混合模式为"线性减淡(添加)",并设置为"色彩平衡1"调整图层的剪贴蒙版,根据需要灵活调整画笔工具的大小,在画布上绘制海水起伏的亮面。

盖印图层

11 按Shift+Ctrl+Alt+E组合键盖印当前图像为新图层,并将其转换为智能对象。在菜单栏中执行"滤镜>滤镜库"命令,在弹出的"滤镜库"对话框中选择"艺术效果>木刻"滤镜,设置"色阶数"为8、"边缘简化度"为7、"边缘逼真度"为1,并单击"确定"按钮。

擦除多余效果

12 选择一个柔边画笔,并设置"流量"为30%,使用黑色在智能滤镜的滤镜蒙版上涂抹天空和海面部分,只保留近景礁石部分。

绘制喷溅的水花

13 新建一个图层,在工具箱中设置前景色为白色,选择画笔工具,并设置笔刷为"Kyle的喷溅画笔–高级喷溅和纹理",适当调整画笔的大小,沿着礁石绘制海浪喷溅的水花。

舞者
DANCER

无穷的变化

大胆地试验不同的混合模式，尝试着看看不同的混合模式都会造成什么样的效果。改变图层的顺序也会使混合效果发生变化，记住几种有用的组合，以便于将来使用。

用混合模式
打造绚丽色彩

使用图层的混合模式，可以轻松让图像的色彩变得美丽又复杂。将五颜六色的图像叠加在一起，尝试着对它们设置不同的混合模式，让背景的色彩变得富有活力和层次，呈现出令人惊叹的效果。

在构建多彩的排版组合时，你可以在文本、背景或一些单独的小元素上使用混合模式，并注意让它们色彩协调。

当你不知道自己究竟该使用哪种混合模式时，单击"正常"下拉按钮，在下拉列表中浏览每种混合模式，看看每种模式都会给图像带来什么样的效果。

当你感觉到自己的工作已经陷入了瓶颈时，尝试着改变混合图层的顺序，也许就能够收获不一样的结果。

初始图像

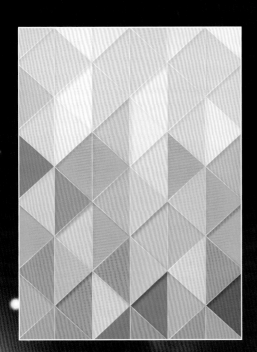

新建文档并置入背景

01 新建一个"宽度"为22厘米、"高度"为30厘米、"分辨率"为300像素/英寸的文档，并从文件夹中选择"背景"图像文件并置入，调整其大小和位置，让图像在水平和垂直方向上保持居中。

置入人物剪影

02 从文件夹中选择"剪影"图像文件置入，并调整其位置和大小。在"图层"面板中选中"剪影"图层和"背景"图层，在工具箱中选择移动工具，在属性栏中单击"水平居中对齐"按钮。

强光

03 从文件夹中选择"素材（1）"图像文件置入，调整其大小和位置，并设置为"剪影"图层的剪贴蒙版。设置"素材（1）"图层的混合模式为"强光"，图像的色彩发生了显著的改变。

变亮

04 从文件夹中选择"素材（2）"图像文件置入，并调整其位置和大小。调整图像稍微倾斜一点，让线条和背景上的斜线错开，并设置"素材（2）"图层的混合模式为"变亮"。

制作边框

05 使用矩形工具在画布上绘制一个矩形，在属性栏中设置其填充为"无颜色"、"描边"的颜色为#a9b9c8、描边宽度为60像素、形状描边类型为预设2，单击"描边选项"中的"更多选项"按钮，在弹出的"描边"对话框中设置"虚线"为0.3、"间隙"为0.3，单击"确定"按钮。

继续制作边框

06 再次绘制一个矩形，并使矩形的两条边位于第一个边框的内侧，在属性栏中设置其填充为"无颜色"、"描边"宽度为20像素、形状描边类型为预设3。将两个边框的混合模式均设置为"强光"，并让两个边框在画布上居中对齐。

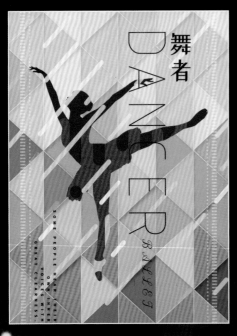

点石成金

更多尝试

当你已经将各种元素组合到了最佳状态，并为它们应用了各种混合模式之后，为什么不试试更多有创意的做法，看看自己究竟能将色彩的混合推进到什么程度呢？

善用调整图层，更好地调整图像的色彩吧！使用"色相"调整图层可以精准地调整每一种颜色的色相，使用"色彩填充"调整图层可以很方便地对图层整体的色调进行调整。你也可以研究一下当你改变图层的混合模式时，调整图层又会如何工作。

当你改变图层的"填充"而不是"不透明度"时，有些混合模式也会发生奇妙的变化。那么，试着进一步地更改图层的混合模式，让图像实现更加巧妙的色彩混合吧！

添加文字

07 添加一些文字，让画面整体更加平衡。在选择字体的时候，注意让字体的风格与图像相符合，然后将所有文字的颜色设置为黑色。在"图层"面板中选择所有文字图层，并按Ctrl+G组合键收入到组中，重命名组为"文字"。

划分

08 从文件夹中选择"素材（3）"图像文件置入，并调整其位置和大小，然后将"素材（3）"图像文件设置为"文字"图层组的剪贴蒙版。设置"文字"图层组的混合模式为"划分"，你将会看到文字的色彩发生了奇妙的改变。

初始图像

校正
图像偏色

通道

将通道载入为选区，然后添加调整图层，基于选区而制作出的图层蒙版将会限制调整图层的作用范围，让它只对你需要的部分进行调整。

你可以使用"曲线"调整图层轻松地对图像的偏色进行校正。在"通道"面板中选择你认为颜色偏差太大的通道并载入为选区，在"图层"面板中添加"曲线"调整图层，在"属性"面板中分别对R、G、B三种色彩进行调整，最后再整体对RGB颜色进行调整，进一步提亮图像。这会是个相当实用的方法，简单且便于操作，而且不会损害图像上的其他颜色。

制造超现实的
图像效果

在混合模式和蒙版的帮助下制作超现实的图像效果

在混合模式和蒙版的帮助下，你可以很容易地制作出超现实的效果。首先你需要使用一些最基本的技巧调整图像，如图层蒙版和调整图层，然后在雕塑上添加文字，设置混合模式为"正片叠底"，创建有趣的图像叠加效果。

你还需要调整图像的照明，让光线从正确的方向照射过来，制作一个发光的灯泡会有利于创建光源。完成这一切步骤后，还需要让蝴蝶撒下梦幻的磷粉，让图像的超现实感更加强烈。

一个超现实图像的核心就在于组合各种不同的元素，打破所有的常识，让大的物体变小、小的物体变大，让生活中不可能出现的元素出现在场景中，组成协调的画面。超现实图像的核心就在于幻想，尽情地发挥你的想象力，制作一副令人惊讶的图像吧！

外发光

使用"外发光"图层样式让蝴蝶撒下的磷粉更加逼真，并与星空背景融合更加恰当。

置入草地

01 新建一个"宽度"为44厘米、"高度"为30厘米、"分辨率"为300像素/英寸的文档,并命名为"合成"。并从文件夹中选择"草地"图像文件置入,并调整其大小和位置。

置入星空

02 从文件夹中选择"星空"图像文件置入,并调整其位置和大小。为星空图层添加图层蒙版,选择一个柔边画笔,使用黑色在蒙版上擦除多余的部分,露出草地。

抠出书本

03 从文件夹中选择"书"图像文件并打开,使用钢笔工具沿书本轮廓绘制路径,将路径转换为选区,羽化半径为3像素。使用移动工具将选区内的图像拖曳到"合成"文档窗口中。

置入头像

04 从文件夹中选择"头像"图像文件并打开,结合使用快速选择工具和对象选择工具抠出石膏头像,并将图像移动到"合成"文档窗口中,按Ctrl+T对图像进行自由变换,调整头像的位置和大小。

置入人物

05 从文件夹中选择"人"图像文件并打开,结合使用快速选择工具和对象选择工具选中人物的主体。

抠出人物

06 在属性栏中单击"选择并遮住"按钮,在打开的区域中使用调整边缘画笔工具涂抹抠出人物的发丝。

置入人物

07 单击"确定"按钮,将所抠出的图像复制到"合成"文档窗口中,按下Ctrl+T组合键调整图像的大小和位置,并对图像进行自由变换。

应用图层蒙版

08 在"图层"面板中选择人物图层,在图层上单击鼠标右键,在弹出的快捷菜单中选择"应用图层蒙版"命令。

内容感知移动工具

09 在工具箱中选择内容感知移动工具,在人物缺失的肢体边缘绘制选区,并向下移动选区内的图像,填补肢体的空白。

如何抠出透明灯泡

如何抠出透明的玻璃灯泡?

选择并复制灯泡主体

01 使用钢笔工具绘制路径,并将路径转换为选区,选中灯泡主体。按Ctrl+J组合键连续复制两层,并取消"背景"图层的可见性。

色阶调整

02 按Shift+Ctrl+U组合键对图像进行去色,并按Ctrl+L组合键打开"色阶"对话框,对图像的色阶进行调整,让对比更鲜明。

复制高光

03 按Shift+Ctrl+Alt+2组合键将高光载入为选区,按Ctrl+C组合键复制选区内的图像,新建一个图层,按Ctrl+V组合键粘贴高光。

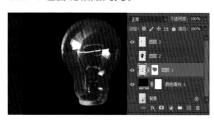

蒙版擦除

04 选中被复制的灯泡图像,添加图层蒙版,在蒙版上使用颜色#6b6b6b擦除多余的图像,增强灯泡的透明感。新建一个图层,按Ctrl+V键粘贴高光。

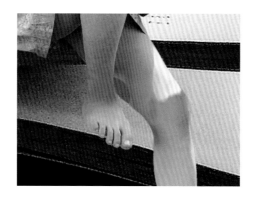

修饰人物皮肤

11 在"图层"面板中新建一个图层,并设置为人物图层的剪贴蒙版。在工具箱中选择修复画笔工具,按住Alt键在画布上单击选择锚点,在属性栏中设置"模式"为"替换"、"源"为"取样"、"样本"为"所有图层",并将画笔的硬度调整到最低,在画布上绘制修改人物皮肤的颜色,让色彩更加均匀自然。

加深皮肤颜色

13 在"图层"面板中新建一个图层,并设置为人物图层的剪贴蒙版,设置图层的混合模式为"柔光"。选择一个柔边画笔,使用黑色在画布上涂抹人物的腿部,并使用橡皮擦工具擦除多余的部分。

填补肢体缺失

10 使用内容感知移动工具多次进行移动和填充,将人物的肢体大致填补完整,并使用橡皮擦工具擦除多余的图像。

继续修饰人物皮肤

12 继续在"图层"面板中新建一个图层,并设置为人物图层的剪贴蒙版。重复之前的步骤,使用修复画笔工具对任务腿部皮肤的颜色进行修复,让色彩更加均匀自然。注意观察光线的来源,按照光线调整书籍在人物腿部的投影,注意突出人物的膝盖。

抠出并置入灯泡

14 从文件夹中选择"灯泡"图像文件并打开,使用钢笔工具绘制路径,并将路径转换为选区,结合蒙版抠出透明的灯泡。使用移动工具将灯泡拖曳至"合成"文档窗口中,并将其置于头像图层的下方。

照亮草地边缘

15 在"星空"图层上方新建一个图层，并设置混合模式为"叠加"。选择一个柔边画笔，调低画笔的"硬度"、"流量"和"不透明度"，使用白色在画布上涂抹草地的边缘，制造出被光线照亮的效果。

加深书页颜色

16 在书籍所在的图层上方新建一个图层，设置为书籍图层的剪贴蒙版，并设置混合模式为"柔光"。使用多边形选择工具选中下层书页，并使用黑色涂抹选区，加深下层书页的颜色，加强和上层书页的明暗对比。

照亮上层书页

17 再次新建一个剪贴蒙版图层，并设置混合模式为"柔光"，使用白色涂抹上层的书页，让上层书页的颜色变得更亮。

绘制投影

18 新建一个图层，设置混合模式为"正片叠底"，选择一个柔边画笔，设置颜色为#1f0e02，绘制书籍的投影和头像在书籍上的投影。

丰富投影层次

19 为投影图层新建一个剪贴蒙版图层，调低画笔的"流量"和"不透明度"，使用黑色在蒙版上进行涂抹，丰富投影的颜色层次。

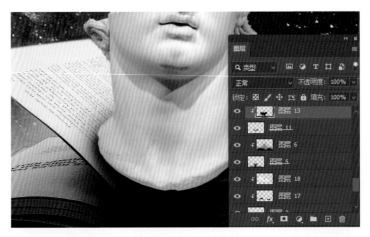

绘制头像投影

20 新建一个图层，设置混合模式为"正片叠底"，选择一个柔边画笔，使用黑色在图层上绘制头像的投影。

丰富投影颜色

21 为头像投影新建一个剪贴蒙版图层，使用颜色#321909和颜色#d2c9bb分别对投影进行加深和提亮，丰富投影的颜色层次，使投影更加自然。

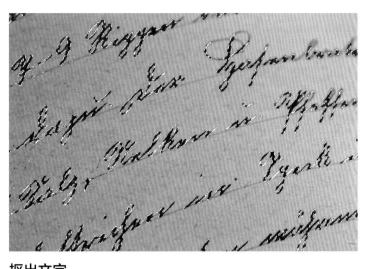

抠出文字

22 从文件夹中选择"文字"图像文件并打开，使用魔棒工具选择文字部分，并在菜单栏中执行"选择>选取相似"命令扩大选区。

文字叠加

23 使用移动工具将选区内的图像移动到"合成"图像文档中，按Ctrl+T组合键调整文字的位置和大小，并将文字图层设置为头像图层的剪贴蒙版，设置混合模式为"叠加"。

人物投影

24 在"图层"面板中新建一个图层，并设置混合模式为"正片叠底"。选择一个柔边画笔，使用黑色依照光源绘制人物身体的投影。

丰富人物投影

25 为人物投影新建一个剪贴蒙版图层，使用颜色#281b0d修改部分投影的颜色，让色彩更加均匀自然。

发光灯泡

26 在所有图层上方新建一个图层，设置混合模式为"线性光"。双击图层打开"图层样式"面板，取消对"透明形状图层"复选框的勾选，调整画笔的"硬度"、"不透明度"和"大小"，使用颜色#fefefa在画布上轻轻单击绘制灯泡的光芒，并在蒙版上擦除和灯泡重叠的部分。

继续绘制光芒

27 按Ctrl+J组合键复制图层，删除图层蒙版并清除图层上的内容，调整画笔的大小，在灯泡内部绘制发光的灯丝。

复制图层

28 按Ctrl+J组合键复制图层，使用橡皮擦工具对图层上的内容进行修改，进一步加强灯泡内部的光芒。

减淡工具

29 按Shift+Ctrl+Alt+E组合键将当前图像盖印为新图层，使用减淡工具对灯泡和上层书页进一步提亮。

减淡/加深

30 按Ctrl+J组合键复制图层，使用减淡工具进一步减淡星空背景，并使用加深工具加深下层书页和部分草地。使用橡皮擦工具擦除图像上多余的部分。

增强透明感

31 新建一个图层，设置混合模式为"柔光"，调低画笔的"不透明度"和"流量"，使用黑色稍微涂抹灯泡内侧边缘，增强灯泡的透明感。

增强阴影

32 按Shift+Ctrl+Alt+E组合键将当前图像盖印为新图层，使用加深工具进一步加强雕塑和人体上的部分阴影。

继续增强阴影

33 新建一个图层，设置混合模式为"正片叠底"，调整画笔的"不透明度"为15%、"流量"为20%，轻轻涂抹头像的脖颈部分。

  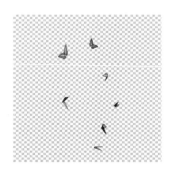

选择蝴蝶

34 从文件夹中选择"蝴蝶"图像文件并打开，使用套索工具选中合适的蝴蝶，并依次使用移动工具复制到"合成"文档窗口中。

调整位置和大小

35 按Ctrl+T组合键，依次对每只蝴蝶进行自由变换，调整其大小和位置，并将所有蝴蝶图层收入到组中，为组添加一个"亮度/对比度"调整图层，设置"亮度"为-47、"对比度"为-48。

智能对象

36 将图层组转换为智能对象，按Ctrl+J组合键复制图层，双击进入所复制的智能对象。在菜单栏中执行"图像>图像旋转>顺时针90度"命令。

制作磷粉笔刷

如何制作一个磷粉笔刷？

"反相"命令

01 从文件夹中选择"喷溅"图像文件并打开，按Ctrl+I组合键对图像执行"反相"命令。

创建选区

02 在工具箱中选择魔棒工具，在画布上单击黑色的部分，在菜单栏中执行"选择>选取相似"命令。

复制图像

03 按Ctrl+J组合键，将选区内的图像复制为新图层，并取消"背景"图层的可见性。

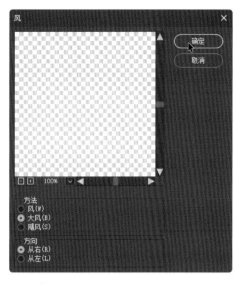

"风"滤镜

37 在菜单栏中执行"滤镜>风格化>风"命令，在打开的"风"对话框中选择"大风"和"从右"单选按钮，并单击"确定"按钮。

重复命令

38 多次按Ctrl+Alt+F组合键重复使用"风"滤镜对图像进行修改，按Ctrl+S组合键保存图像，并关闭智能对象。

自由变换

39 按Ctrl+T组合键对图像进行逆时针90度的旋转，并使用方向键对图像进行轻移，让图像呈现出磷粉散落的效果。

置入光晕

40 从文件夹中选择"光晕"图像文件置入，并调整其位置和大小，让光晕的中心和灯泡重合，并设置图层的混合模式为"线性减淡（添加）"。

修改图像范围

41 为光晕图层添加图层蒙版，选择一个柔边画笔，并调低画笔的"流量"和"不透明度"，使用黑色在蒙版上擦除多余的部分，注意让光晕边界柔和。

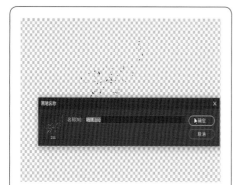

定义画笔预设

04 使用套索工具选择合适的区域，并在菜单栏中执行"选择>反选"命令，按Delete键删除多余的部分。在菜单栏中执行"编辑>定义画笔预设"命令，在打开的"画笔名称"对话框中设置画笔的名称，并单击"确定"按钮。

设置形状动态

05 在菜单栏中执行"窗口>画笔设置"命令，在打开的"画笔设置"面板中设置"间距"为100%，勾选"形状动态"复选框，并切换至"形状动态"选项卡，在右侧打开的区域中设置"大小抖动"为35%、"角度抖动"为20%。

设置散布

06 勾选"散布"复选框，并切换至"散布"选项卡，在右侧打开的区域中设置"散布"为35%、"数量"为2、"数量抖动"为20%。

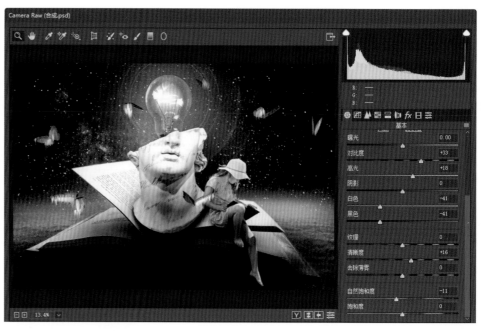

Camera Raw滤镜

42 按Shift+Ctrl+Alt+E组合键将当前图像盖印为新图层。在菜单栏中执行"滤镜>Camera Raw滤镜"命令，在打开的Camera Raw对话框中设置"对比度"为+33、"高光"为+18、"白色"为-41、"黑色"为-41、"清晰度"为+16、"自然饱和度"为-11，并单击"确定"按钮。

加深图像

43 新建一个图层，并设置混合模式为"柔光"。选择一个软边笔刷，使用黑色在画布上对星空进行部分加深，并使用橡皮擦工具擦除多余的部分。

绘制磷光

44 在"图层"面板中新建一个图层，选择设置好的"喷溅"笔刷，设置前景色为白色，在每只蝴蝶翅膀下方绘制磷光。

设置外发光

45 双击磷光图层，在打开的"图层样式"对话框中勾选"外发光"复选框，设置"混合模式"为"滤色"、"不透明度"为100%、"杂色"为0%，设置颜色为#1075dc、图素方法为"柔和"、"扩展"为0%、"大小"为10像素，设置"等高线"为"线性"、"范围"为50%、"抖动"为0%，并单击"确定"按钮。

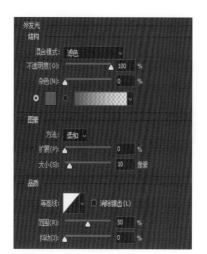

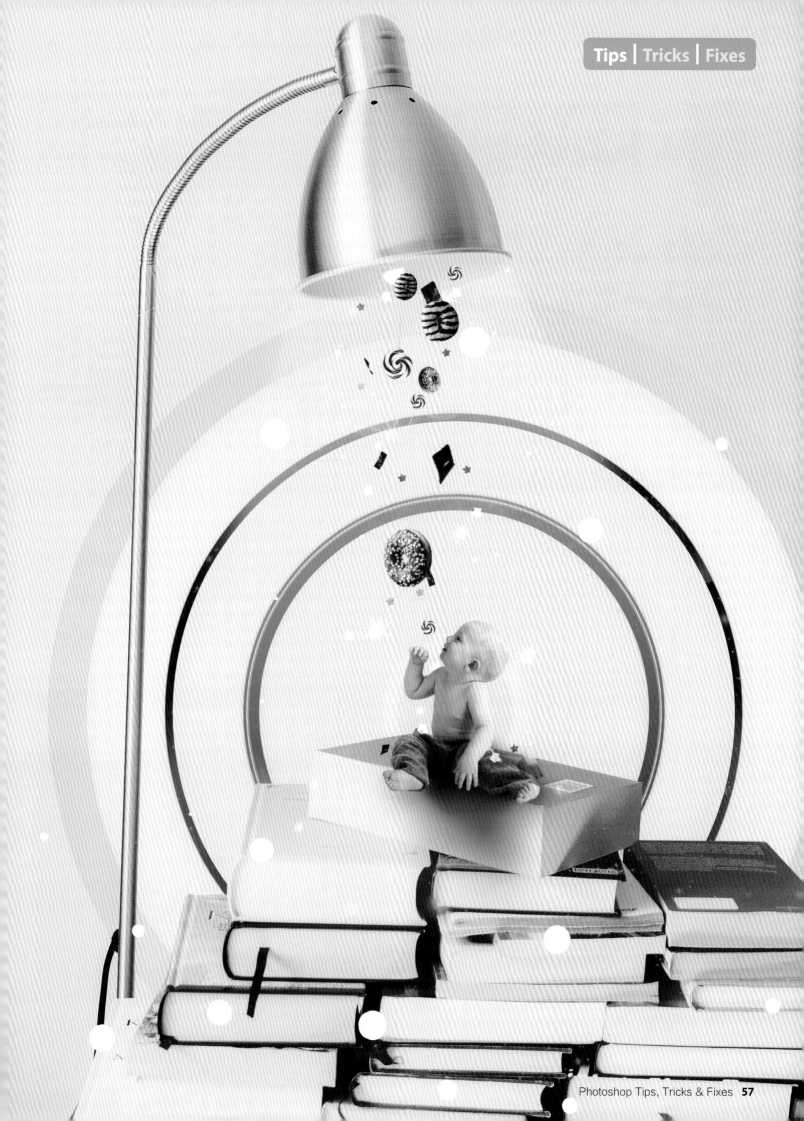

使用图层创造艺术幻想

初始图像

通过探索孩子们的想象力，将他们富有创造性的幻想变为现实

这张图片的设计思路是创建一个具有幻想气息的合成儿童肖像，我们需要使用图层、蒙版和画笔（加上一点魔法般的效果）让想象力和提供这种想象力的孩子同时呈现在图片上。通过图层的叠加，我们不仅将创建一个比简单扁平的图像更令人惊叹的艺术效果，还能够将幻想带入现实，让童话和生活结合。

我们将探索如何使用图层的混合模式让图像的效果更加绚丽，还将探索怎么简单方便地丰富图像的背景，这将有助于让观众的注意力集中在正确的位置，并体现出孩子的个性。

如果你打算自己来拍摄照片而不是使用我们所提供的文件，那么记得在一个相对干净的背景下进行你的拍摄，这会有利于你抠出想要的图像。

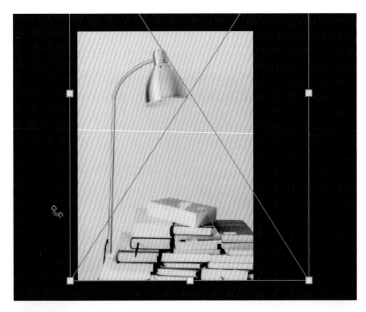

创建背景

01 新建一个"宽度"为22厘米、"高度"为30厘米、"分辨率"为300像素/英寸的文档，并命名为"合成"。从文件夹中选择"背景"图像文件置入，并调整其位置和大小。

钢笔抠图

02 复制"背景"图层，使用钢笔工具抠出图像的主体，将路径转化为选区。在"图层"面板中单击"添加图层蒙版"按钮，图像的主体即被抠出。

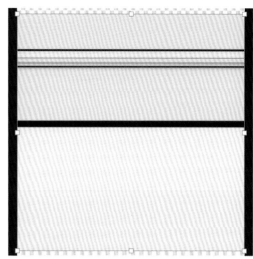

制作智能对象

03 在"图层"面板中选中"背景"图层，在工具箱中选择单行选框工具，在画布上单击选择颜色较为丰富的一行，按Ctrl+C组合键复制选区。在其上方新建一个图层，并转换为智能对象，双击新建的图层，按Ctrl+V组合键粘贴选区内的图像。

拉伸图像

04 按Ctrl+T组合键，将图像顺时针或逆时针旋转90度，并按住Shift键对图像进行适当的拉伸。

裁剪图像

05 在工具箱中选择裁剪工具，在属性栏中设置裁剪比例为"1:1（方形）"，并勾选"删除裁剪的像素"复选框，对图像进行裁剪。

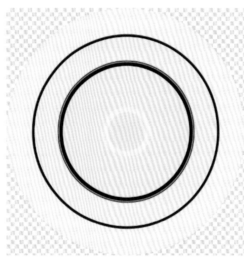

"极坐标"滤镜

06 在菜单栏中执行"滤镜>扭曲>极坐标"命令，在打开的对话框中选择"平面坐标到极坐标"单选按钮，单击"确定"按钮。在工具箱中选择椭圆选框工具，在画布上建立选区，并对选区进行反选，按Delete键对选区内的图像进行删除。

调整大小

07 按Ctrl+S组合键保存图像，关闭智能对象文件，在"合成"文档窗口中按Ctrl+T组合键调整图像的大小和位置。

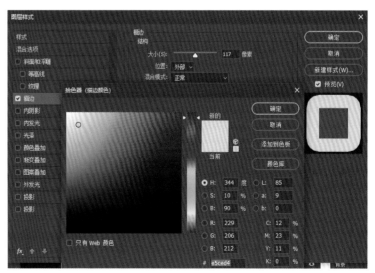

描边

08 为之前制作的圆形背景再次进行描边，在"图层样式"对话框中勾选"描边"复选框，设置颜色为#e5ced4、"大小"为117像素，并单击"确定"按钮。

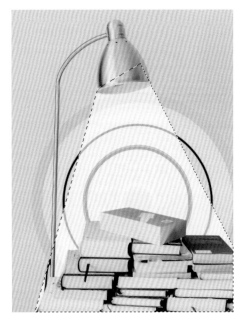

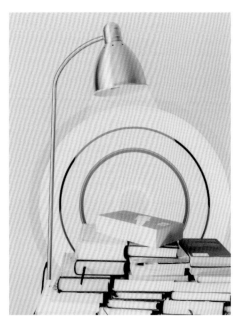

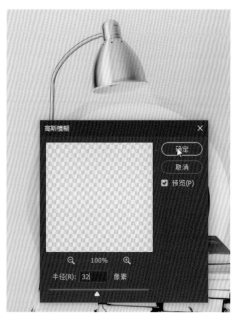

绘制选区

09 使用多边形工具绘制选区，新建一个图层，设置"不透明度"为75%，随意使用一个颜色填充选区，然后按Ctrl+D组合键取消选择。

调整灯光范围

10 为图层添加图层蒙版，设置前景色为黑色，背景色为白色，使用渐变工具在蒙版上修改图像的范围，并叠加颜色为#eae0e9。

细化灯光

11 在菜单栏中执行"滤镜>模糊>高斯模糊"命令，在打开的"高斯模糊"对话框中设置"半径"为32像素，并单击"确定"按钮。

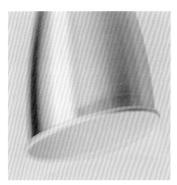

仿制图章工具

12 在工具箱中选择仿制图章工具，按住Alt键在画布上单击鼠标左键选择"源"，拖曳鼠标左键填充灯罩内侧标签所在的位置。

添加点缀

13 从文件夹中打开"形状"图像文件，使用魔棒工具选择白色的圆点，使用选择工具拖曳至"合成"文档窗口中，调整其位置和大小，并擦除多余的部分。

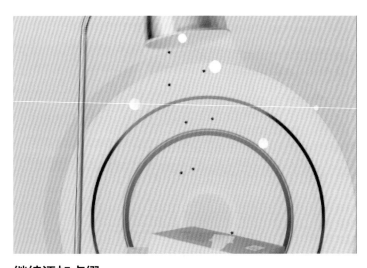

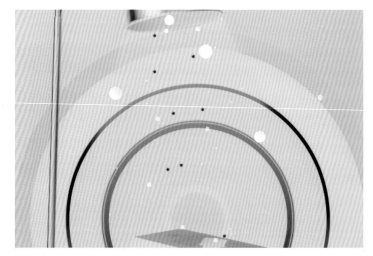

继续添加点缀

14 从文件夹中打开"星星"图像文件，使用快速选择工具选择一个红色的星星。使用移动工具拖曳到"合成"文档窗口中，按Ctrl+T组合键更改其大小，并按Alt键通过拖曳多次复制图像，制造出散落的红色星星。

添加更多星星

15 使用同样的方式从"星星"图像文件中选择金色的星星，并拖曳到"合成"文档窗口中，按Alt键对星星进行多次拖曳复制，并将所有金色星星所在图层的混合模式更改为"线性减淡（添加）"。

如何添加碎屑

如何制造散落的碎屑效果？

选择并复制图像

01 打开"碎屑"图像文件，使用快速选择工具选中合适的碎屑，并将所复制的碎屑拖曳到"合成"文档窗口中。

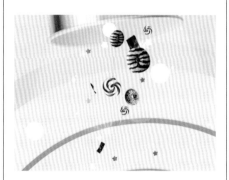

自由变换

02 按Ctrl+T组合键对碎屑进行自由变换，并进行角度上的旋转调整，注意光线的来源。让一部分碎屑位于其他物体的遮挡下，以制造出错落有致的效果。

重复复制和变换

03 多次复制不同的碎屑到"合成"文档窗口中，并进行变形调整，制造出散落的碎屑效果。

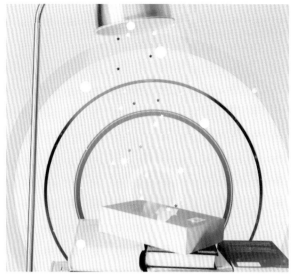

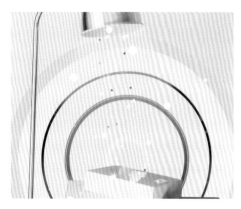

更多发光效果

17 按Ctrl+J组合键复制图层，移动图像的位置，并使用图层蒙版擦除多余的部分。如果有需要，你可以多次复制图层，并在蒙版上擦除多余的部分，而只保留想要的效果。

添加甜甜圈

19 从文件夹中选择"甜甜圈"图像文件并打开，使用对象选择工具对甜甜圈进行选择，依次拖曳到"合成"文档窗口中，按Ctrl+T组合键对图像进行自由变换，并移动到合适的位置。

添加发光效果

16 从文件夹中选择"光"图像文件置入，设置混合模式为"变亮"，按Ctrl+T组合键对图像进行一定的变形。为图层添加图层蒙版，选择一个柔边画笔，使用黑色擦除多余的部分。

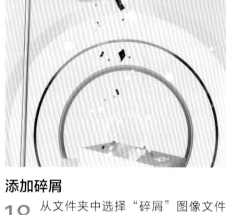

添加碎屑

18 从文件夹中选择"碎屑"图像文件并打开，使用快速选择工具选择合适的碎屑，拖曳至"合成"文档窗口中，按Ctrl+T组合键对图像进行自由变换，并多次复制图层，制作散落的碎屑。

添加棒棒糖

20 从文件夹中选择"糖"图像文件并打开，使用对象选择工具对棒棒糖进行选择，拖曳到"合成"文档窗口中。多次对图像进行复制和自由变换，并移动到合适的位置。

抠出婴儿图像

怎样抠出婴儿图像？

快速选择工具

01 在工具箱中选择快速选择工具，沿着婴儿边缘大致绘制选区。

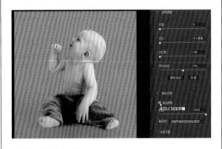

选择并遮住

02 在属性栏中单击"选择并遮住"按钮，在打开的区域中使用调整边缘画笔工具对图像的边缘进行调整，并勾选"输出设置"区域中的"净化颜色"复选框，单击"确定"按钮。

移动图像

03 将所抠出的婴儿图层转换为智能对象，并移动到"合成"图像文档中，按Ctrl+T组合键对图像进行自由变换。

置入和变形

21 从文件夹中选择"孩子"图像文件打开，抠取婴儿主体并置入到"合成"文档窗口中。在菜单栏中执行"编辑>操控变形"命令，在婴儿的身体上单击打下图钉，长按并拖曳婴儿腿部的图钉对图像进行变形，并按Enter键进行确定。

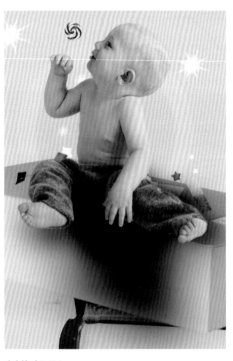

制作投影

23 在婴儿图像下方新建一个图层，设置混合模式为"正片叠底"。在工具箱中设置前景色为黑色，使用一个柔边画笔依靠光源大致绘制出婴儿的投影。

颜色调整

22 添加一个"色彩平衡"调整图层，并将其设置为婴儿图像所在图层的剪贴蒙版。在"属性"面板中设置"色调"为"中间调"，设置"青色-红色"为-40、"洋红-绿色"为-12、"黄色-蓝色"为+12。

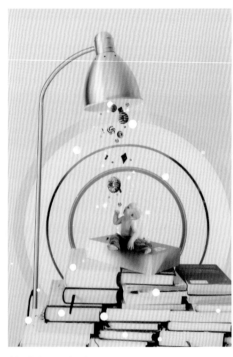

修改投影颜色

24 为投影图层新建一个剪贴蒙版图层，分别使用颜色#ceafa4和颜色#514435细化投影的颜色，让投影更具层次感，并与图像融合更好。

❝ 还可以怎么做？翻到下一页，查看如何简单方便地制作图像的背景。❞

你不可错过的3个背景制作指南
如何为图像制作别具风格的背景

用最简单的方法制作出独特漂亮的背景

人物和背景并不是所有的时候都相称完美的，有时候我们会需要为自己所拍摄的图像更换更好的背景，以使图像的整体得到提升。让图像拥有一个更加丰富和有趣的背景能让图像的质量大大提高，也会更容易引人注目。我们可以使用一些简单的小技巧来为图像重新制作背景，让图像拥有特殊的风格。

我们都会在制作图像背景的时候为哪些问题感到苦恼？显然最关键的问题在于配色。我们可以使用"色彩平衡"混合模式来对图像的配色进行修改，但为什么不在一开始就让人物和背景色彩协调呢？我们将介绍这种有用的技巧。

我们还可以让场景变得更加立体，或者更加平面化，你可以使用滤镜完成这点，操作会非常简单，而效果完全令人惊讶。掌握这些技巧，你可以轻松让图像变得别具魅力。

你会学到什么……

现代风格
使用选框工具制作具有现代感和艺术感的背景。

科幻风格
使用"极坐标"滤镜制作具有科幻感的背景。

平面风格
使用"木刻"滤镜让图像的风格变得平面化。

YOGA

瑜伽还是普拉提？

这是一个问题。

添加文字

文字内容能够丰富图像的内容，平衡图像的架构。在这张图像上，使用醒目的白色字体可以让图像色彩更加协调。

初始图像

№1

现代风格

当图片的背景太过单调时应该怎么做？只需要使用图像上原有的色彩即可快速让背景变得丰富起来，甚至可以让图像看起来更具动感。你可以制作一个色彩丰富的圆环调和图像的架构，让图像变得更加稳定的同时重新确立和强调图像的中心，让观众更容易将目光集中在正确的位置。

抠出人像

01 从文件夹里打开"现代"图像文件，按Ctrl+J组合键复制图层，在"属性"面板中单击"删除背景"按钮，图像的背景将在蒙版上被自动遮盖。在工具箱中选择画笔工具，使用黑色在蒙版上进一步细化人像主体。

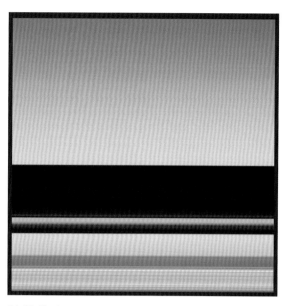

选择内容

02 新建一个图层，并将其转换为智能对象。选择背景图层，在工具箱中选择单列选框工具，在画布上色彩较为丰富的位置创建选区，按Ctrl+C组合键复制选区内的图像。

拉伸像素

03 双击智能对象图层，在打开的文档窗口中按Ctrl+V组合键粘贴图像，接着再按Ctrl+T组合键对图像进行拉伸变形，并使用裁剪工具将图像裁剪成正方形。

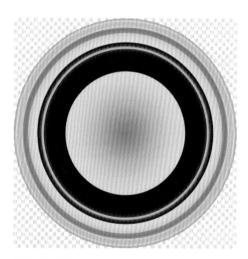

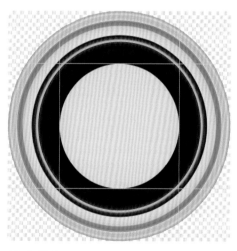

制作圆环

04 在菜单栏中执行"滤镜>扭曲>极坐标"命令，在弹出的"极坐标"对话框中选择"平面坐标到极坐标"单选按钮，单击"确定"按钮，使用魔术橡皮擦工具擦除多余的四角。

填充颜色

05 在工具箱中选择椭圆选框工具，按住Shift键在画布正中绘制一个正圆形的选区，并填充选区的颜色为#a5ccf3。

调整大小

06 按下Ctrl+S组合键存储图像，关闭当前的文档窗口，按Ctrl+T组合键对智能对象图层进行自由变换，并调整圆环背景的位置，使圆环边缘与人物身体贴合。

擦除多余图像

07 为智能对象图层添加图层蒙版，选择一个硬边画笔，使用黑色画笔在蒙版上擦除多余的部分，并使用裁剪工具对画布进行裁剪。

填充颜色

08 在所有图层下方新建一个颜色填充图层，填充颜色为# a5ccf3。

添加文字

09 添加一些文字作为点缀，并将文字的颜色设置为白色。将文字放大并居中以保持视觉的平衡，同时在左侧添加小字进行点缀。

点石成金

为什么是白色？

当背景的颜色为浅色时，设置文字的颜色为白色似乎不太醒目。但由于图像中最深的颜色正统一向着右下角倾斜，所以我们需要为图像添加一些相反的颜色来平衡图像的重心。

还可以怎么做？

制造幻影

复制一重人像，在原本人像的下方进行放大，并对其混合模式和"不透明度"进行设置，在人物身后制造一个幻影。这可以很好地让图像达成视觉上的平衡，并让图像更具深度。

添加文字

在人物主体下方添加文字，并对文字进行投影，选取图像中最浅的颜色作为文字的颜色，而选取最深的颜色作为投影的颜色。

№2 科幻风格

只需要使用"极坐标"滤镜和图层蒙版，你就能轻松打造出具有科幻效果的图像。制作这种风格的背景唯一的难点是需要挑选一张合适的风景图片，无论是城市、大海还是山峦。

初始图像

遮盖缝隙

使用原始的图像内容遮盖"极坐标"滤镜所造成的缝隙，图像的色彩和内容将会相对协调。

抠出人物

01 结合使用对象选择工具和魔棒工具抠出人物的主体，使用蒙版遮盖掉图像上不需要的部分。

№3 平面风格

有时人们会觉得自己的照片层次不够分明，为什么不干脆抛弃所有的层次感，制造一张平面化的图像呢？平面化有时就意味着浪漫和梦幻，使用"木刻"滤镜制作一个平面化的背景，会让你仿佛置身于童话之中。

制作背景

02 从文件夹中选择"山"图像文件并打开，使用裁剪工具将其裁剪为正方形。在菜单栏中执行"滤镜>扭曲>极坐标"命令，并将制作完成的背景放置在人物下方。

细化背景

03 从文件夹中选择"山"图像文件置入，调整其位置和大小，并为其添加图层蒙版，选择一个柔边画笔，使用黑色在蒙版上擦除多余的部分。

"木刻"滤镜

"木刻"滤镜能够制造出一种类似木刻版画的风格，让图像的色彩更加简洁，看起来像是由大面积的色块所构成的平面化图像。

初始图像

"木刻"滤镜

01 在菜单栏中执行"滤镜>滤镜库>艺术效果>木刻"命令，设置"色阶数"为6、"边缘简化度"为1。

遮盖天空

02 新建一个图层，使用颜色#dfe4e9遮盖天空上驳杂的色彩。

抠出人物

03 从文件夹中选择"滑雪"图像文件并置入，抠出人物主体，使用"亮度/对比度"命令调整人物的对比度。

通过混合模式
探索图像的色彩

通过运用混合模式和调整图层释放对色彩的想象力，重新定义肖像的风格

色彩是艺术和设计中最为关键的因素之一。正如任何重要的工具或功能那样，了解如何使用和部署颜色是至关重要的。一旦你内化了使用它的各种方式，你就能够把更多的精力投入到艺术创作的乐趣中，而不是消耗在机械的程序上。

在这里，我们主要使用混合模式来处理色彩。我们将置入各种各样的图片，比如一些有趣的几何形状图像和具有特殊艺术风格的图像。通过改变它们的混合模式，使图像的颜色覆盖在肖像上，我们可以创建

出各种有趣而且不可预知的颜色混合。而矢量形状会是一个让多彩的图像变得更炫酷的有用工具，在画面中加入喷溅的颜料也能够在一定程度上让图像变得更有趣。我们还在教程中使用了渐变填充图层装饰背景。当我们将一层层颜色和纹理叠加在一起时，通过图层蒙版、图层的混合模式和不透明度来控制叠加的效果，并且应用一些滤镜或调整图层对图像的色彩进行调整。

初始图像

打开图像并选择主体

01 从文件夹中选择"人物"图像文件并打开，在工具箱中选择快速选择工具，在属性栏中单击"选择主体"按钮。

选择并遮住

02 在属性栏中单击"选择并遮住"按钮，在打开的区域中使用调整边缘画笔工具涂抹人物的头发边缘，勾选"净化颜色"复选框，并单击"确定"按钮。

置入图像

03 新建一个"宽度"为22厘米、"高度"为30厘米、"分辨率"为300像素/英寸的文档，并命名为"色彩"。使用移动工具将之前抠出的人物图像拖曳至"色彩"文档窗口中，按Ctrl+T组合键对图像进行水平方向的翻转，并进行一定程度的旋转。

渐变填充

04 在工具箱中设置前景色为#fca73a、背景色为#ce8304。在"图层"面板中选中"背景"图层,单击"创建新的填充或调整图层"按钮,在打开的列表中选择"渐变"选项,在弹出的"渐变填充"对话框中单击"渐变"右侧的渐变色条,在弹出的"渐变编辑器"对话框中选择"基础"组中的"前景色到背景色渐变"渐变样式。

设置渐变

05 单击"确定"按钮,返回"渐变填充"对话框,设置"样式"为"径向"、"角度"为90度、"缩放"为100%,并勾选"与图层对齐"复选框。按住鼠标左键在画布上拖曳,视情况修改渐变的具体位置,并单击"确定"按钮。

擦除多余图像

06 将人像抠图所在的图层重命名为"人物",并转换为智能对象。为"人物"图层添加图层蒙版,使用多边形套索工具绘制选区,并在蒙版上填充选区为黑色。

Camera Raw滤镜

07 在菜单栏中执行"滤镜>Camera Raw滤镜"命令,在弹出的Camera Raw对话框中设置"色温"为+21、"色调"为+33、"对比度"为+35。切换至"色调曲线"选项卡,设置"高光"为−54,并单击"确定"按钮。

自然饱和度

08 使用快速选择工具选中人物的毛衣,新建一个"自然饱和度"调整图层,并设置为"人物"图层的剪贴蒙版。在"属性"面板中设置"自然饱和度"为+81、"饱和度"为+67。

置入星云

09 从文件夹中选择"星云"图像文件置入,并调整其位置和大小。按一定角度旋转星云图像,使图像上的线条基本接近垂直,然后将"星云"图层设置为"人物"图层的剪贴蒙版。

混合模式

10 设置"星云"图层的混合模式为"柔光"。添加图层蒙版,在工具箱中选择画笔工具,设置画笔的"硬度"为0%、"流量"为40%,使用黑色画笔在蒙版上涂抹多余的部分。

渐变工具

13 为"凤凰"图层添加图层蒙版，在工具箱中设置前景色为白色、背景色为黑色。选择渐变工具，在属性栏中单击"角度渐变"按钮，选中图层蒙版，在画布上按住鼠标左键从中心向左上角进行拖曳，绘制一个渐变。

丰富背景

11 从文件夹中选择"几何"图像文件置入，并调整其位置和大小。将"几何"图层拖曳至"人物"图层的下方，并设置其混合模式为"柔光"。

置入凤凰

12 从文件夹中选择"凤凰"图像文件置入，并调整其位置和大小，让其位于"人物"图层和其剪贴蒙版图层的上方，设置混合模式为"滤色"。

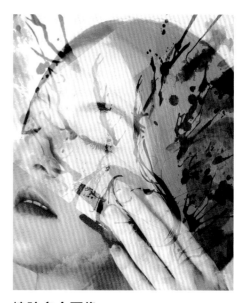

线性加深

14 按住Alt键在"图层"面板中拖曳"人物"图层至所有图层上方，以复制"人物"图层。设置"人物 拷贝"图层的混合模式为"线性加深"、"不透明度"为40%。

置入素材

15 从文件夹中选择"三角"图像文件置入，并调整其位置和大小，设置其混合模式为"柔光"，使图像蒙在人物的脸上。

擦除多余图像

16 结合使用多边形套索工具和画笔工具，擦除多余的图像，让图像部分边界清晰、部分过度柔和。

差值

17 按Ctrl+J组合键复制一层，并更改图层的混合模式为"差值"，然后填充"三角拷贝"图层的图层蒙版为白色。

擦除多余图像

18 结合使用多边形套索工具和快速选择工具擦除多余的三角，让一些三角形不规则地散落在脸庞周围，注意使色彩搭配和谐。

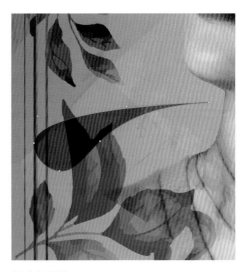

添加边框

19 从文件夹中选择"边框"图像文件置入，并调整其位置和大小，设置其混合模式为"线性加深"。

"木刻"滤镜

20 在菜单栏中执行"滤镜>滤镜库"命令，在弹出的对话框中选择"艺术效果>木刻"滤镜，并设置"色阶数"为8、"边缘简化度"为5、"边缘逼真度"为1，单击"确定"按钮。

绘制形状

21 在工具箱中选择钢笔工具，在属性栏中选择工具模式为"形状"，并设置"填充"为黑色、"描边"颜色为"无颜色"，在画布上绘制一个充满活力的形状，并设置其混合模式为"叠加"。

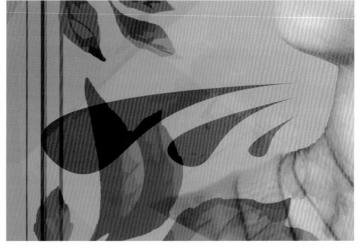

复制形状

22 按Ctrl+J组合键复制一层，再按Ctrl+T组合键对形状进行自由变换，调整形状的大小和位置，并对形状进行一定幅度的倾斜。

继续复制形状

23 再次按Ctrl+J组合键复制一层，并按Ctrl+T组合键变换图像，调整图像的位置、大小和倾斜的角度，制作出规律的一组图形。

绘制形状

24 在"图层"面板中新建一个图层，再次选择钢笔工具，在属性栏中设置"填充"颜色为#f1cead，在画布上绘制一个三角形，调整其位置和大小，使画面更加协调，并设置其混合模式为"线性加深"。

> **添加形状是让多彩的图像风格变得更加炫酷的有用方式，在画面中加入喷溅的颜料也能够让图像变得更加有趣。**

修改蒙版

25 在"图层"面板中选中"凤凰"图层，并按Ctrl+J组合键复制一层。选中"凤凰 拷贝"图层的图层蒙版，使用多边形套索工具绘制一个锐利的三角形选区，并在蒙版上填充选区为黑色。

继续绘制选区

26 按Ctrl+D组合键取消选择，再次使用多边形套索工具在画布上绘制一个锐利的三角形选区，并使其和前一个三角交织在一起，然后同样在图层蒙版上使用黑色填充选区。

修改下层蒙版

27 单击"凤凰"图层的图层蒙版，同样使用黑色填充选区，让色彩表现得更加鲜艳明亮，整体图像看起来更加协调。你还可以使用同样的方式对图像进行更多修改，在蒙版上擦出更多不规则的形状。

你将学到什么？

基本的创意色彩技巧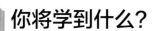

渐变填充
在所有图层的下方使用"渐变填充"调整图层填充图像的背景，让作为基底的背景色彩更具层次感。

加强肖像
当你的肖像被层层的形状和颜色所淹没时，你可以通过复制肖像并将其拖曳到其他图层的上方来加强肖像的质感。注意修改它的混合模式，并降低不透明度，以使其和图像融合更佳。

混合模式
混合模式可以导致任何效果微妙或令人意想不到的色彩混合，你可以将我们的教程作为指南，但尝试着试验更多的混合模式，制作出属于你自己的效果。

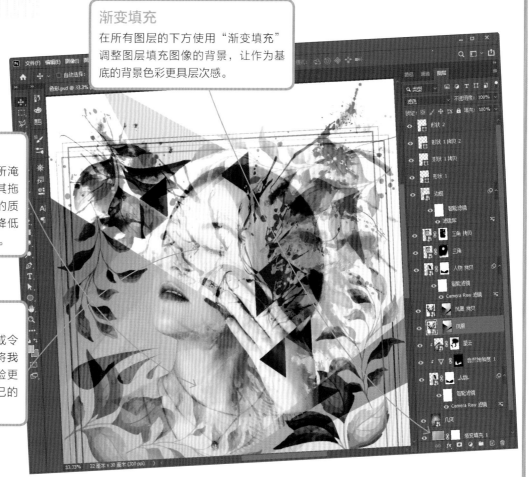

使用蒙版创建一个不可思议的场景

在调整图层和库存照片的帮助下，使用蒙版创作出令人惊叹的作品

当你需要将几幅单独的图像混合成一幅时，图层蒙版会是个非常重要的技能。它能够让你创造出令人惊叹的场景，并让图像看起来更加真实。

蒙版看起来是一种很容易掌握的技术，但你需要正确地在图层上使用选区工具才能让蒙版效果更佳。例如，当你想将企鹅从背景中分离出来的时候，快速选择工具或许能更好更快地做到这点；而当你不那么着急的时候，使用钢笔工具创建选区才是最佳的选择。

不过，Photoshop中的"选择主体"功能通常可以在这时帮上很大的忙，你可以先使用"选择主体"功能选中企鹅的主体，再用快速选择工具扩大或缩小选区。

当你的图像制作完成后，还可以使用Camera Raw滤镜对图像进行整体调整，并使用锐化工具和模糊工具对图像进行一些修饰。虽然蒙版是个相对简单的Photoshop技术，只要你正确地使用它，仍然可以创造出惊人的效果。

修改大小

01 从文件夹中选择"场景"图像文件并打开，在菜单栏中执行"图像>图像大小"命令，在打开的"图像大小"对话框中修改"高度"为30厘米、"分辨率"为300，勾选"重新采样"复选框，单击"重新采样"右侧的下拉按钮，在打开的列表中选择"保留细节2.0"选项，并单击"确定"按钮。在菜单栏中执行"文件>存储为"命令，在打开的"另存为"对话框中选择存储的路径，设置"保存类型"为*.PSD，并设置"文件名"为"合成"。

置入天空

02 从文件夹中选择"天空1"图像文件并置入，调整其位置和大小。为"天空1"图层添加图层蒙版，选择一个柔边画笔，使用黑色画笔在图层蒙版上擦除多余的图像。

混合选项

03 双击"天空1"图层，在打开的"图层样式"对话框中对"混合颜色带"进行设置，拖曳"下一图层"下方色条左侧的滑块，设置数值为152。

修改颜色

04 为"天空1"图层新建"色彩平衡"调整图层，在"属性"面板中设置"青色-红色"为-100、"洋红-绿色"为+12、"黄色-蓝色"为+40，并勾选"保留明度"复选框。

制作倒影

05 在"图层"面板中选中"天空1"图层和它的调整图层，按Ctrl+J组合键复制图层，按Ctrl+T组合键对图像进行垂直反转，并拖曳到合适的位置。

修改倒影颜色

06 为天空的倒影添加"色相/饱和度"调整图层，并设置为"天空1 拷贝"图层的剪贴蒙版。在"属性"面板中设置"色相"为+12、"饱和度"为-36、"明度"为-30。

点石成金

⭐ 保留细节2.0

"保留细节2.0"是Photoshop从2018版本开始新增的一项图像处理功能，它可以在保留图像细节和清晰度的同时对图像进行放大，最大限度地减少图像因放大而产生的模糊和细节损失。

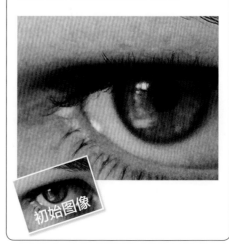

初始图像

丰富天空元素

07 从文件夹中选择"天空2"图像文件并置入，调整其位置和大小，设置图层的混合模式为"正片叠底"。为其添加图层蒙版，选择一个柔边笔刷，使用黑色在蒙版上擦除多余的部分。

调整亮度

08 添加"曲线"调整图层，并设置为"天空2"图层的剪贴蒙版。在"属性"面板中单击创建一个编辑点，设置"输入"为120、"输出"为179。

调整颜色

09 新建一个图层，并设置混合模式为"颜色"。在工具箱中选择画笔工具，设置画笔的"硬度"为0%，并在属性栏中设置"流量"为15%，使用颜色#3a5169涂抹天空的上方，并使用橡皮擦工具擦除多余的部分。

继续调整颜色

10 再次新建一个图层，并设置混合模式为"柔光"，使用颜色#384757涂抹天空的最上方，涂抹的范围要比之前稍窄，并使用橡皮擦工具擦除多余的部分，使天空上方呈现除自然的色彩加深效果。

调整地面色彩

11 再次新建一个图层，并设置混合模式为"柔光"，使用颜色#c4b9ce涂抹地面，注意避开建筑物的倒影。在"图层"面板中选中三个图层，按Ctrl+G组合键将图层收入组中。

色彩平衡

12 新建"色彩平衡"调整图层，并设置为图层组的剪贴蒙版。在"属性"面板中设置"青色-红色"为-5、"洋红-绿色"为+11、"黄色-蓝色"为-19，并取消对"保留明度"复选框的勾选。

加深天空

13 新建一个图层，并设置混合模式为"柔光"，使用颜色#012839进一步加深图像天空的部分，并使用橡皮擦工具擦除多余的部分。当这一步完成之后，图像的整体色调将呈现为蓝色。

填充图像

14 使用套索工具选中图像上的人物，在菜单栏中执行"编辑>内容识别填充"命令，在打开的对话框中使用取样画笔工具修改图像取样的区域，并单击"确定"按钮进行填充。

内容识别填充

怎样消除多余的景物？

创建选区

01 在工具箱中选择套索工具，选择多余的人物。

取样区域

02 在菜单栏中执行"编辑>内容识别填充"命令，在打开的区域中使用取样画笔工具调整图像取样的范围，并单击"确定"按钮。

重复操作

03 重复之前的步骤，直到人像完全被消除。

复制图像

04 从图像上其他部分选择车辆的尾部，复制并粘贴到图像缺失的部分，使用"自动颜色"和"自动对比度"命令对颜色进行调整。

置入企鹅

15 从文件夹中选择"企鹅1"图像文件并打开，使用快速选择工具选中企鹅，并设置羽化半径为5像素。使用移动工具将选区内的图像拖曳至"合成"文档窗口中，将图层转换为智能对象，按Ctrl+T组合键，对企鹅进行大小和位置的调整。

更多企鹅

16 从文件夹中分别选择"企鹅2"、"企鹅3"图像文件并打开，重复之前的步骤，在广场上由远及近地置入两只企鹅。

操控变形

17 复制其中的一只企鹅，调整其位置和大小，并对其进行操控变形。

继续复制和变形

18 使用同样的方法复制另一只企鹅，调整位置和大小，并进行操控变形。

更多企鹅

19 使用套索工具选中企鹅群中最右侧的企鹅，按Ctrl+J组合键复制图层，调整图像的大小和位置，并进行操控变形。

制作企鹅倒影

20 选择所有的企鹅图像所在的图层，按Ctrl+G组合键收入组中，并按Ctrl+J组合键复制图层组。栅格化图层组内的所有图层，并对企鹅群图像进行剪切，尽量让企鹅都位于单独的图层中。按Ctrl+T组合键分别对每只企鹅进行自由变换，制作企鹅的倒影。

高斯模糊

21 将企鹅倒影所在的图层组转换为智能对象，并设置图层的混合模式为"叠加"，让企鹅的倒影在地面上更加自然。在菜单栏中执行"滤镜>模糊>高斯模糊"命令，在打开的"高斯模糊"对话框中设置"半径"为1.4像素，并单击"确定"按钮。

制作失真边缘

22 按Ctrl+J组合键复制智能对象，双击底层的智能对象，弹出"图层样式"对话框，在"混合选项"选项区域中的"高级混合"区域取消对G（G）和B（B）复选框的勾选，并单击"确定"按钮。按→方向键将图像向右轻移几个像素，为图层添加图层蒙版，使用黑色在蒙版上擦除多余的部分。

继续制作失真边缘

23 再次按Ctrl+J组合键复制智能对象，在"图层"面板中单击图层蒙版缩略图和图层缩略图之间的链接图标，选择图层缩略图，并按←方向键将图像向左轻移几个像素。

添加光照效果

24 在"图层"面板中新建一个图层，设置混合模式为"颜色减淡"、"不透明度"为20%，选择一个柔边画笔，使用颜色#ac8255涂抹企鹅身体的边缘。

建筑物的光照

25 在"图层"面板中新建一个图层，设置混合模式为"柔光"、"不透明度"为42%。选择一个柔边画笔，在属性栏中设置画笔的"流量"为20%，使用颜色#cbac87涂抹建筑物，并使用橡皮擦擦除多余的部分。

屋顶的阳光

26 在"图层"面板中新建一个图层，设置混合模式为"线性减淡（添加）"，放大画笔的尺寸并降低流量，轻轻在屋顶边缘铺上一层颜色。

整体调整

27 按Shift+Ctrl+Alt+E组合键将当前图像盖印为新图层。使用仿制图章工具修饰图像上的一些疏漏和细节，使用锐化工具涂抹最前方的几只企鹅，让位于前方的企鹅身体更加清晰，并使用模糊工具涂抹后方的几只企鹅，让位于后方的企鹅身体更加模糊。完成这一步后，将图层转化为智能对象。

Camera Raw滤镜

28 在菜单栏中执行"滤镜>Camera Raw滤镜"命令，在打开的Camera Raw对话框中设置"色温"为+17、"色调"为+12、"阴影"为+25、"白色"为+30、"黑色"为−53、"自然饱和度"为+24，单击"确定"按钮。

修改颜色

29 新建一个图层，设置混合模式为"色相"，选择一个柔边画笔，使用颜色#37646f涂抹天空的左上角，修改天空的色相，减少被光照亮的感觉。

亮度/对比度调整

30 新建"亮度/对比度"调整图层，设置"亮度"为−9、"对比度"为63，并在蒙版上使用黑色画笔擦除掉多余部分，让图像四角变暗。

高反差保留

31 复制并合并企鹅图层组，将合并后的图层拖曳到所有图层最上方。在菜单栏中执行"滤镜>其他>高反差保留"命令，设置"半径"为3.8像素。

锐化图像

32 为图层添加图层蒙版，选择一个柔边画笔，使用黑色画笔在蒙版上擦除不需要锐化的多余部分，并设置图层的混合模式为"线性光"。

确定

使用滤镜创造炫酷的复古故障风海报

在调整图层和库存照片的帮助下，使用蒙版创作出令人惊叹的作品

止运行。

确定

错误！

错误！

错误！

 警告：程序已停止运行。

确定

你想用简单的几个步骤就让照片变得复古而且酷炫吗？只需要对图层的混合选项进行设置即可迅速完成。你可以取消某些通道的显示，让图像显现出不一样的效果，它会让你的图像产生一种类似信号故障的风格，而且会非常的酷。

使用调整图层和滤镜可以更好地修饰图像的颜色，并且为图像添加特殊的细节。图层的混合模式能够让图层更加梦幻，色彩更加协调。这些都是非常简单的技巧，但只要组合得当，依然可以创造出令人惊奇的效果。

当你的图像制作完成后，你还可以使用Photoshop工具箱中的几种工具简单地制造出故障弹窗，让图像更具讽刺感和超现实感。使用最简单的几种技术，你就能创造出惊人的作品。

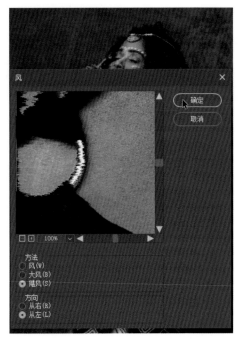

新建并置入图像

01 新建一个尺寸为A4、分辨率为300、名称为"故障风"的文档，并从文件夹中选择"人物"图像置入。

混合选项

02 双击"人物"图层，在弹出的"图层样式"对话框中的"高级混合"区域取消对R（R）复选框的勾选。

滤镜效果

03 在菜单栏中执行"滤镜>风格化>风"命令，在弹出的"风"对话框中选择"飓风"和"从左"单选按钮，并单击"确定"按钮。

复制图层

04 按Ctrl+J组合键复制图层，并按←方向键将图层向左移动几个像素，让人物边缘呈现出清晰的故障色彩效果，并添加图层蒙版，删除人物手臂的部分。

叠加颜色

05 新建一个图层，在工具箱中设置前景色为#ff00cc、背景色为#0062ff。选择渐变工具，在属性栏中单击"线性渐变"按钮，在画布上从左至右拉出渐变，尽可能让色彩均匀，并设置图层的混合模式为"叠加"。

如何制作故障色条

如何制作故障色条效果？

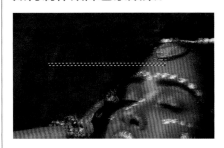

创建选区

01 在工具箱中选择矩形选框工具，在画布上拖曳创建细长的选区。

移动选区

02 同时按住Ctrl键和←方向键，向左轻移选区，完成后按下Ctrl+D组合键取消选择。

多次创建并移动选区

03 多次创建细长的选区并对其进行移动，如有需要，还可以按Ctrl+T组合键对选区内的图像进行拉长。

复制选区

04 当需要制作故障效果的区域过黑时，可以从人物身体的其他位置复制图像，并移动到合适的位置。

滤镜效果

06 将渐变图层转换为智能对象，按Alt+Ctrl+F组合键，在弹出的"风"对话框中单击"确定"按钮。

色彩平衡

08 新建"色彩平衡"调整图层，在"属性"面板中设置"青色−红色"为−53、"洋红−绿色"为+65、"黄色−蓝色"为−25，并取消对"保留明度"复选框的勾选。选择一个柔边画笔，使用黑色在调整图层的蒙版上擦除人物的部分皮肤。

亮度/对比度

07 新建"亮度/对比度"调整图层，在"属性"面板中设置"亮度"为−13、"对比度"为48。

复制图层

09 按Shift+Ctrl+Alt+E组合键，将当前图层盖印为新图层。复制原始图像所在的图层，清除其滤镜和图层样式，并放置在盖印图层的下方。

故障色条

10 结合使用矩形选框工具和自由变换制作图像的故障色条，让图像的故障感更加强烈，注意分布色条的粗细，让图像在视觉上达成平衡。

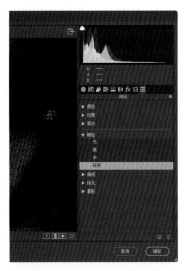

制造颗粒感

11 按Shift+Ctrl+Alt+E组合键将当前图像盖印为新图层。在菜单栏中执行"滤镜>Camera Raw滤镜"命令，在打开的Camera Raw对话框中单击右侧区域中的"预设"按钮，单击"颗粒"折叠选项，在打开的区域中选择"较多"选项，并单击"确定"按钮。

制造下垂线条

12 在工具箱中选择矩形工具，在画布上随意制作两条"填充"为"无填充"、"描边"为#ff00cc、描边选项为预设3、描边大小为5像素的线条，并将其混合模式设置为"划分"。

制作边框

13 使用矩形工具在画布上绘制一个矩形，并按Ctrl+T组合键将其缩放到合适的大小，使其和画布居中对齐。在属性栏中设置矩形的"填充"为"无填充"、"描边"为白色、描边大小为80像素、描边选项为预设1。

设置图层样式

14 双击矩形图层，在弹出的"图层样式"对话框中设置"填充不透明度"为0%，并勾选"斜面和浮雕"、"内阴影"、"光泽"、"颜色叠加"和"渐变叠加"对话框。

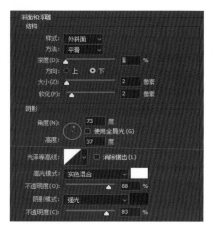

斜面和浮雕

15 设置"斜面和浮雕"的"样式"为"外斜面"、"方法"为"平滑"、"深度"为1%、"方向"为下、"大小"为2像素、"软化"为2像素，设置"角度"为73度、"高度"为37度、"高光模式"为"实色混合"、"阴影模式"为"强光"，并调节高光和阴影的不透明度。

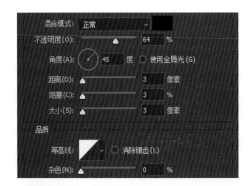

内阴影

16 设置"内阴影"的"混合模式"为"正常"、颜色为黑色、"不透明度"为64%、"角度"为45度、"距离"为3像素、"阻塞"为3%、"大小"为3像素。

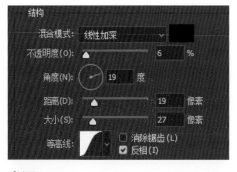

光泽

17 设置"光泽"的"混合模式"为"线性加深"、颜色为黑色、"不透明度"为6%、"角度"为19度、"距离"为19像素、"大小"为27像素、"等高线"为"高斯"，并勾选"反相"复选框。

颜色叠加和渐变叠加

18 设置"颜色叠加"的"混合模式"为"颜色"、颜色为#bdb294。设置"渐变叠加"的"混合模式"为"线性光"、"不透明度"为13%、"渐变"为白色到透明色、"样式"为"线性"、"角度"为8度、"缩放"为10%。

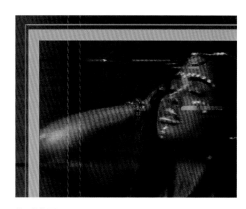

复制图层

19 按Ctrl+J组合键复制图层，清除叠加的图层样式，双击打开"图层样式"对话框，设置"填充不透明度"为0%，勾选"斜面和浮雕"复选框，设置"样式"为"外斜面"、"方法"为"平滑"、"深度"为72%、"方向"为"下"、"大小"为3像素、"软化"为1像素，修改"阴影模式"为"正常"，调整高光的"不透明度"为56%、阴影的"不透明度"为63%。勾选"颜色叠加"复选框，设置"混合模式"为"颜色"、颜色为#f6dea4，单击"确定"按钮。

复制图层

20 按Ctrl+J组合键复制两个矩形图层，并将其描边大小更改为5像素。使用←方向键和↑方向键将图像轻移到合适的位置。

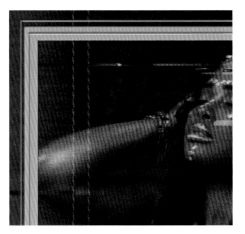

继续复制图层

21 按Ctrl+J组合键复制更改描边大小后的两个矩形图层，并使用→方向键和↓方向键将图像移动到合适的位置。

更改混合模式

22 按Ctrl+G组合键将所有边框所在的图层收入到组中，设置图层组的混合模式为"线性减淡（添加）"。

制作弹窗

23 使用圆角矩形工具制作一个细长的圆角矩形，填充颜色为#0267f2，双击圆角矩形图层，在弹出的"图层样式"对话框中勾选"斜面和浮雕"复选框，设置"样式"为"内斜面"、"方法"为"雕刻柔和"、"深度"为84%、"方向"为"下"、"大小"为8像素、"软化"为8像素、"角度"为146度、"高度"为32度、"光泽等高线"为"环形"、"高光模式"为"滤色"、"不透明度"为50%、"阴影模式"为"正片叠底"、"不透明度"为10%，并单击"确定"按钮。

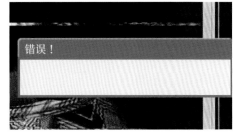

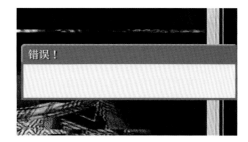

制作窗体

24 使用矩形工具绘制一个和圆角矩形等宽的矩形，并设置"填充"为#ece9d8、"描边"为15像素、描边颜色为#0267f2。

输入文字

25 使用文字工具添加"错误！"文字，设置一个风格复古的字体，调整其位置和大小，并设置颜色为白色。

设置样式

26 双击文字图层，在弹出的"图层样式"对话框中勾选"投影"复选框，设置"混合模式"为"正常"、颜色为黑色、"不透明度"为100%、"距离"为8像素、"大小"为8像素，并单击"确定"按钮。

制作叉号图标

27 使用圆角矩形工具绘制一个四边等长的圆角图标，双击图层打开"图层样式"对话框，勾选"斜面和浮雕"复选框，设置"样式"为"内斜面"、"方法"为"雕刻柔和"、"深度"为313%、"方向"为"下"、"大小"为16像素、"软化"为16像素、"角度"为−45度、"高度"为69度。勾选"描边"复选框，设置"大小"为5像素、"位置"为"外部"、"颜色"为白色。

制作叉号

28 使用文字工具输入×字符，设置颜色为白色，对其进行描边使其粗细更符合需要。

制作错误提示符

29 按住Shift键，使用椭圆工具绘制一个正圆。双击圆图层，为圆设置"斜面和浮雕"效果，并调整其参数，使其边界柔和。

复制叉号

30 在"图层"面板中复制叉号图层，并将其拖曳至圆图层上方，调整其位置和大小，并适当加粗叉号的描边。

添加文字

31 使用文字工具，在图像上添加"警告：程序已停止运行。"文字，设置合适的字体和大小，设置文字颜色为黑色，并拖曳到合适的位置。

制作确定按钮

32 使用矩形工具绘制一个"填充"为"无填充"、"描边"为3像素、描边颜色为黑色的矩形。

继续制作确定按钮

33 按Ctrl+J组合键复制矩形，并调整其大小，更改矩形的"描边"为5像素、描边选项为预设3。

添加文字

34 使用文字工具，添加"确定"文字，设置合适的字体和大小，并设置文字颜色为黑色。

复制弹窗

35 按Ctrl+G组合键将所有弹窗图层收入到组中，按Ctrl+J组合键两次复制图层组，并调整所复制的弹窗的位置。

更多弹窗

36 使用Ctrl+J组合键复制更多图层组，并调整图层组的位置，使弹窗在页面上不规则分布，制造出更多的错乱感。

你需要掌握的7个案例——滤镜

你需要掌握的7个案例——

滤镜

在7个案例中，使用超过20个不同的Photoshop滤镜创作富有创意的合成海报、插画艺术和包装设计等

"绘画涂抹"滤镜
使用"绘画涂抹"滤镜（滤镜>滤镜库>艺术效果>绘画涂抹）创造笔触效果。

"木刻"滤镜
使用"木刻"滤镜（滤镜>滤镜库>艺术效果>木刻）减少图像上的颜色。

初始图像

图层蒙版

将天空放置在城镇的上方，在蒙版上擦除重合的部分。借助图层蒙版，你也可以控制滤镜效果的显示范围。

Camera Raw滤镜

改变图像的颜色，适当加深或减小图像的对比度，让图像色彩更加协调。

色彩平衡

使用"色彩平衡"命令调整图像的颜色，让图像的整体色调保持一致。

创建背景

01 从文件夹中选择"城镇"图像文件并打开，使用裁剪工具将图像裁剪到合适的大小。

"绘画涂抹"滤镜

02 在菜单栏中执行"滤镜>滤镜库"命令，在打开的对话框中选择"艺术效果>绘画涂抹"滤镜，设置"画笔大小"为6、"锐化程度"为40、"画笔类型"为"简单"。

"木刻"滤镜

03 在"滤镜库"对话框的右下角单击"新建效果图层"按钮，并选择"木刻"滤镜，设置"色阶数"为8、"边缘简化度"为0、"边缘逼真度"为3。

色彩平衡

04 在"图层"面板中新建"色彩平衡"调整图层，在"属性"面板中设置"色调"为"高光"，设置"青色-红色"为-100、"黄色-蓝色"为+43。

Camera Raw滤镜

05 在菜单栏中执行"滤镜>Camera Raw滤镜"命令，在弹出的Camera Raw对话框中设置"色温"为-7、"色调"为-13、"对比度"为+70、"高光"为+36、"阴影"为-27、"黑色"为+100、"清晰度"为+100、"自然饱和度"为+8、"饱和度"为+20，并单击"确定"按钮。

置入天空

06 从文件夹中选择"天空"图像文件置入，并调整其位置和大小，设置混合模式为"变暗"。为天空图层添加图层蒙版，使用画笔工具擦除和建筑物重叠的部分。

"绘画涂抹"滤镜

07 在菜单栏中执行"滤镜>滤镜库"命令，在打开的对话框中选择"艺术效果>绘画涂抹"滤镜，设置"画笔大小"为14、"锐化程度"为40、"画笔类型"为"简单"。

色彩平衡

08 新建一个"色彩平衡"调整图层，在"属性"面板中设置"色调"为"中间调"、"青色-红色"为-100、"洋红-绿色"为-18、"黄色-蓝色"为+100，并设置为剪贴蒙版。

油画色调　　使用滤镜让图像拥有油画般的色调

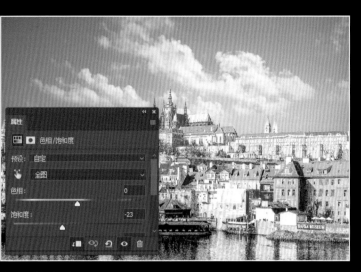

色相/饱和度

09 新建一个"色相/饱和度"调整图层，在"属性"面板中设置"饱和度"为-23，并创建剪贴蒙版。

"绘画涂抹"滤镜

10 按Shift+Ctrl+Alt+E组合键将当前图像盖印为新图层，在菜单栏中执行"滤镜>滤镜库"命令，在打开的对话框中选择"艺术效果>绘画涂抹"滤镜，设置"画笔大小"为12、"锐化程度"为40、"画笔类型"为"简单"。

绘画风格

为图像添加"绘画涂抹"滤镜后，它看起来实际上已经很像是一幅画作了，如果你对这种轻轻的笔触并不满意，还可以选择使用"油画"滤镜将效果调整得更加强烈、更像是一幅油画。

但如何才能让它看起来不那么的现代化，而具备着古典艺术的绘画风格呢？你可以观察诸如莫奈、伦勃朗等著名画家的画作，尝试着模仿那些画作的色调来调整你的图像的颜色，然后试着让它们看起来更加陈旧。Camera Raw滤镜在这时候总会是个好选择，你可以使用"色彩平衡"、"色相/饱和度"等调整图层将图像的色彩协调一致，然后使用Camera Raw滤镜对图像进行整体调整。

不要畏惧重复性的工作，你可以多次进行尝试，对自己感到不满意的地方反复调整。使用图层蒙版可以有效地控制调整的范围，你可以让图像出现某种效果，却不那么强烈。现在试试调整其他照片吧！

Camera Raw滤镜

11 在菜单栏中执行"滤镜>Camera Raw滤镜"命令，在弹出的Camera Raw对话框中设置"清晰度"为-33。

图层蒙版

12 为图层添加图层蒙版，选择一个柔边画笔，设置"不透明度"为20%，使用黑色在蒙版上轻轻擦除效果过于强烈的部分。

整体色调调整

13 再次按Shift+Ctrl+Alt+E组合键将当前图像盖印为新图层，并使用Camera Raw滤镜对图像的整体颜色和对比度进行调整。

"柔光"混合模式

14 在"图层"面板中新建一个图层，并设置混合模式为"柔光"，选择一个柔边画笔，使用颜色#ef9f51轻轻涂抹天空和建筑的交界处。

1 制作一张 充满活力的海报

Photoshop的滤镜可以为你的作品添加各种细节。在这个案例里，我们将把一个普通的金鱼图像变成一张充满活力的插画海报。你可以在制作过程中设置一些图层的混合模式为"柔光"，以让颜色更加舒适。

我们还可以使用"照亮边缘"滤镜创建微妙的黑色轮廓，反转图像的颜色并将图层的混合模式设置为"正片叠底"，最后通过使用"添加杂色"滤镜为图像增加一些纹理。

对于文字的处理，我们尝试着使用"斜面和浮雕"、"颜色叠加"和"外发光"等图层样式使其和图像的风格一致。你可以大胆地对各种效果进行尝试，直到图像的表现力达到最佳。

斜面和浮雕
使用"斜面和浮雕"图层样式让文字更加立体。

彩色半调
"彩色半调"滤镜可以为图像增加更多纹理细节。

照亮边缘
使用"照亮边缘"滤镜制作图像上黑色的线条。

点石成金

🌟 色彩范围
当背景的颜色较为单纯时，你可以在菜单栏中执行"选择>色彩范围"命令选中背景的部分，执行"反向"命令，添加图层蒙版对图像进行抠取。你还可以使用"色阶"命令调整图像的对比度，让背景和图像主体的对比更加明显，以获得更好的抠图效果。

裁剪图像
01 在工具箱中选择裁剪工具，将图像裁剪到合适的大小。

"木刻"滤镜
02 在菜单栏中执行"滤镜>艺术效果>木刻"命令，在打开的"木刻"对话框中设置"色阶数"为8、"边缘简化度"为0、"边缘逼真度"为3。

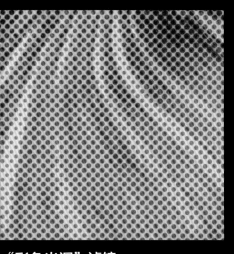

"彩色半调"滤镜

03 按下Ctrl+J组合键复制图层,并设置混合模式为"柔光"。在菜单栏中执行"滤镜>像素化>彩色半调"命令,在弹出的"彩色半调"对话框中设置"最大半径"为8像素,并将"网角(度)"的4个通道的参数全部设置为45,单击"确定"按钮。

自然饱和度

04 新建一个"色彩饱和度"调整图层,在"属性"面板中设置"自然饱和度"为+74、"饱和度"为+31。

复制图像

05 取消除"背景"图层外其他图层的可见性,在"通道"面板中单击"蓝"通道,按Ctrl+A组合键进行全选,按Ctrl+C组合键复制选区内的图像,在所有图层上方新建一个图层,按Ctrl+V组合键粘贴选区内的图像。

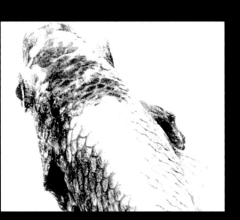

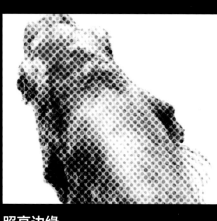

色阶

06 新建一个"色阶"调整图层,在"属性"面板中选择"在图像中取样以设置白场"工具,在画布上单击较为明亮的图像部分,并选择"在图像中取样以设置黑场"工具,在画布上单击较为黑暗的部分,增强图像的对比度。

柔光

07 在"属性"面板中单击"此调整剪切到此图层"按钮,并设置被调整的图层的混合模式为"柔光"。

照亮边缘

08 在"图层"面板中选中"图层1"图层和"色阶1"调整图层,按下Ctrl+J组合键进行复制,并合并所复制的图层。在菜单栏中执行"滤镜>风格化>照亮边缘"命令,在打开的对话框中设置"边缘宽度"为2、"边缘亮度"为20、"平滑度"为15。

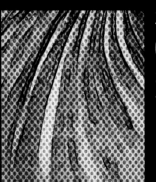

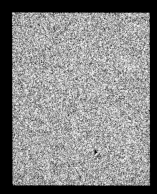

正片叠底

09 按Ctrl+I组合键执行"反相"命令,并将图层的混合模式更改为"正片叠底",使黑色的线条融合到背景中。

添加杂色

10 在"图层"面板中新建一个图层,并填充颜色为白色。在菜单栏中执行"滤镜>杂色>添加杂色"命令,在弹出的"添加杂色"对话框中设置"数量"为100%,选择"高斯分布"单选按钮,并勾选"单色"复选框。

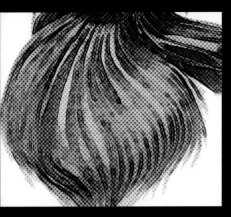

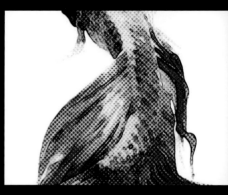

曲线

高斯模糊

11 将图层转换为智能对象，在菜单栏中执行"滤镜>模糊>高斯模糊"命令，在打开的"高斯模糊"对话框中设置"半径"为2像素。

色彩平衡

12 在"图层"面板中新建"色彩平衡"调整图层，设置"青色–红色"为+100、"洋红–绿色"为+100、"黄色–蓝色"为–100。

13 在"图层"面板中新建"曲线"调整图层，在"属性"面板中单击创建两个编辑点，设置第一个点的"输入"为104、"输出"为83，设置第二个点的"输入"为187、"输出"为182。

抠出图像

14 按Shift+Ctrl+Alt+E组合键盖印当前图像为新图层。在菜单栏中执行"选择>色彩范围"命令，在打开的"色彩范围"对话框中单击画布的背景部分，并设置"颜色容差"为200，单击"确定"按钮。在菜单栏中执行"选择>反选"命令，并在"图层"面板中单击"添加图层蒙版"按钮，选择一个柔边画笔，使用白色在画布上涂抹需要显示的部分。

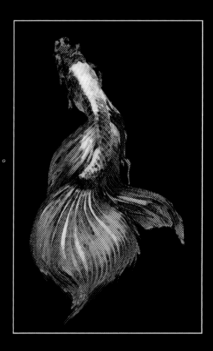

填充颜色

15 在所抠出的图像下方新建一个图层，并填充颜色为黑色。根据在黑色背景上所显示的图像，进一步使用画笔工具在蒙版上修改图像的显示范围，使图像与背景融合自然。

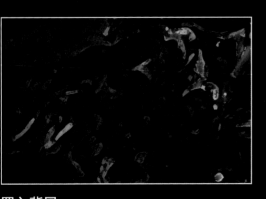

置入背景

16 从文件夹中选择"背景"图像文件置入，调整其位置和大小，并将其拖曳至金鱼抠图的下方。在菜单栏中执行"滤镜>滤镜库"命令，在打开的"滤镜库"对话框选择"干画笔"

色彩平衡

17 在"图层"面板中新建"色彩平衡"调整图层，在"属性"面板中设置"青色–红色"为+88、"洋红–绿色"为–100、"黄

添加文字

18 使用文字工具在画布上输入文字，并将文字的颜色全部设置为白色，注意安排文字的位置和大小，并设置合适的字体。你可以选择一个更复古的字体，使文字

继续添加文字

19 使用文字工具继续在画布上添加文字，你可以选择一个关键性的字眼加入进去，然后为每个字母设置不同的颜色，所有颜色都从画布上原有的颜色中进行选取。

继续添加文字

20 继续使用文字工具添加文字，注意在同一个图像内，文字的字体不应超过三种，你可以选择一个较为显眼的字体作为标志的字体，并将颜色同样设置为白色。

制作标志

21 在工具箱中选择椭圆工具，按住Shift键在画布上拖曳创建一个正圆，设置其"填充"为"无填充"、"描边"为5像素，并将描边的颜色设置为白色。添加图层蒙版，使用黑色画笔在蒙版上遮盖掉不需要的部分。

斜面和浮雕

22 新建一个图层组，将所需添加样式的图层收入组中，双击图层组，在弹出的"图层样式"对话框中勾选"斜面和浮雕"复选框，设置"样式"为"内斜面"、"方法"为"雕刻清晰"、"深度"为511%、"方向"为16像素、"软化"为0像素，设置"角度"为-10度、"高度"为42度、"高光模式"的"不透明度"为0%，设置"阴影模式"为"正片叠底"、颜色为#1e08f9、"不透明度"为100%。

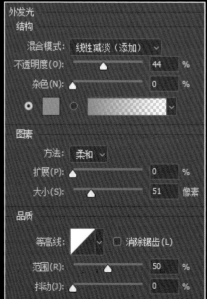

外发光

23 勾选"外发光"复选框，设置"混合模式"为"线性减淡（添加）"、"不透明度"为44%、"杂色"为0、颜色为#b9903f、"方法"为"柔和"、"扩展"为0%、"大小"为51像素。

2 创造漫画风格艺术作品

即使只是坐在家中，你也可以成为一位魔法师。你需要使用许多滤镜的帮助才能创作出一个漫画风格的图像，它会具有强烈的介于现实和幻想之间的意味。

你可以使用"彩色半调"滤镜给图像贴上一些网点，让它看起来和漫画更加相似。使用"云彩"滤镜和"火焰"滤镜可以在图像上制造出云和火焰。你需要使用Camera Raw滤镜让图像的色彩、明暗和色调更加协调，让背景和其他素材更好地融合在一起。图层的混合模式和图层样式也是在创作这种图像时必不可少的工具。尝试着创作你的图像吧！

"云彩"滤镜

"云彩"滤镜可以为你制作类似云彩的效果，其颜色将根据前景色来决定。

"火焰"滤镜

使用"火焰"滤镜创建逼真的火焰效果和烛光效果，注意调整它们的参数，让图像更加协调。

初始图像

新建并置入图像

01 新建一个"宽度"为22厘米、"高度"为30厘米、"分辨率"为300的文档,从文件夹中选择"背景"图像文件置入,并调整位置和大小。

加深地面

02 在"图层"面板中新建一个图层,设置混合模式为"正片叠底"、"不透明度"为86%,选择一个柔边画笔,使用黑色加深部分地面。

更改颜色

03 新建"色彩平衡"调整图层,在"属性"面板中设置"色调"为中间调、"青色−红色"为−19、"洋红−绿色"为−10。

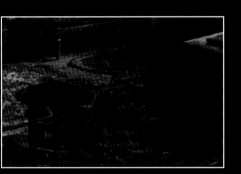

置入素材

04 从文件夹中选择"底层"图像文件置入,并调整其位置和大小,设置混合模式为"柔光"。添加图层蒙版,使用黑色在蒙版上擦除多余的部分。

更改颜色

05 新建"色彩平衡"调整图层,并设置其混合模式为"柔光"、"不透明度"为85%。在"属性"面板中设置"黄色−蓝色"为−100,并单击"此调整剪切到此图层"按钮。

加深图像

06 为"底层"图层新建一个剪贴蒙版图层,设置混合模式为"柔光",使用黑色涂抹地面,进一步加深地面的颜色,让发光的部分看起来像是岩浆。

抠取人物

07 从文件夹中选择"人物"图像文件打开,结合使用魔棒工具和快速选择工具选中人物的主体,并在属性栏中单击"选择并遮住"按钮,在打开的区域中使用调整边缘画笔工具涂抹人物的发丝等细节部分,勾选"净化颜色"复选框,并单击"确定"按钮,抠出人物图像。

色相/饱和度

08 将所抠出的人物图像置入所创建的文档中,并调整其位置和大小。新建"色相/饱和度"调整图层,并设置为人物图像的剪贴蒙版,在"属性"面板中设置"色相"为+8、"饱和度"为−8。

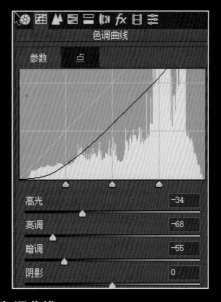

色调曲线

10 在"图层"面板中选中"人物"图层,在菜单栏中执行"滤镜>Camera Raw滤镜"命令,在打开的Camera Raw对话框中单击"色调曲线"图标,设置"高光"为-34、"亮调"为-68、"暗调"为-55。

修改椅子颜色

11 按Ctrl+J组合键复制"人物"图层,并拖曳到所有图层的上方,清除其滤镜效果,并添加图层蒙版,在蒙版上使用黑色擦除人物身体的部分。在菜单栏中执行"滤镜>Camera Raw滤镜"命令,在打开的Camera Raw对话框中设置"色温"为-18、"高光"为-78、"阴影"为-100、"黑色"为-62、"纹理"为+32、"清晰度"为+37、"自然饱和度"为-6、"饱和度"为+18,并单击"确定"按钮。

修改裤子颜色

09 使用快速选择工具选中人物的裤子部分,添加"色相/饱和度"调整图层,在"属性"面板中设置"红色"的"饱和度"为-50、"蓝色"的"饱和度"为-100、"洋红"的"饱和度"为-100。

继续修改椅子颜色

12 新建一个图层,并设置为"人物 拷贝"图层的剪贴蒙版,设置混合模式为"色相",使用颜色#9d5e3b涂抹椅子皮面的部分。

加深椅子颜色

13 继续为"人物 拷贝"图层添加一个剪贴蒙版图层,设置混合模式为"柔光"、"不透明度"为66%,使用颜色#743213涂抹整个椅子。

亮度/对比度

14 新建一个"亮度/对比度"调整图层,并设置为"人物 拷贝"图层的剪贴蒙版。在"属性"面板中设置"亮度"为-50、"对比度"为57。

色彩平衡

15 在"图层"面板中选中"人物"和"人物 拷贝"图层及其相关的剪贴蒙版图层,按Ctrl+G组合键将所有图层收入组中,新建一个"色彩平衡"调整图层,并设置为组的剪贴蒙版,在"属性"面板中设置"青色-红色"为-14。

点石成金

✦ **分开调整每个部分**
借助图层蒙版分开调整每个部分,可以更灵活地控制图像的调整效果。

Camera Raw滤镜

16 按Shift+Ctrl+Alt+E组合键将当前图像盖印为新图层，在菜单栏中执行"滤镜>Camera Raw滤镜"命令，在打开的Camera Raw对话框中设置"色温"为-8、"色调"为-20、"阴影"为-65、"白色"为-38、"黑色"为+10、"纹理"为+14、"清晰度"为+8、"去除薄雾"为+24，并单击"确定"按钮。

加深墙壁

17 新建一个图层，并设置混合模式为"柔光"，选择一个柔边画笔，使用黑色涂抹墙壁左上角。

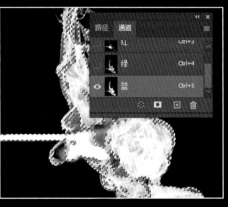

创建选区

18 从文件夹中选择"烟"图像文件打开，在"通道"面板中单击"蓝"通道，并单击"将通道作为选区载入"按钮。

置入烟雾

19 使用移动工具，将选区内的图像移动到我们所建立的文档窗口中，调整其位置和大小，并擦除多余的部分。

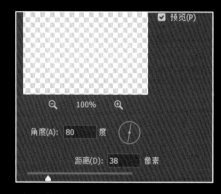

动感模糊

20 在菜单栏中执行"滤镜>模糊>动感模糊"命令，在打开的"动感模糊"对话框中设置"角度"为80度、"距离"为38像素。

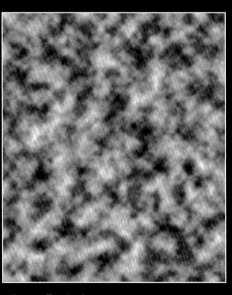

"云彩"滤镜

21 新建一个图层，填充颜色为黑色，在菜单栏中执行"滤镜>渲染>云彩"命令。

擦除多余图像

22 设置图层的混合模式为"绿色"，并为图层添加图层蒙版，选择一个柔边画笔，使用黑色擦除多余的图像。

绘制正圆

23 在"图层"面板中新建一个图层组，在工具箱中选择椭圆工具，按住Shift键在画布上拖曳绘制一个正圆，在属性栏中设置"填充"为"无填充"、"描边"为白色、描边宽度为10像素。

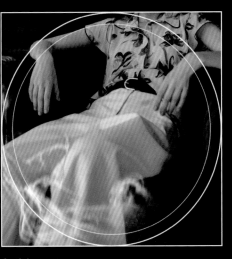

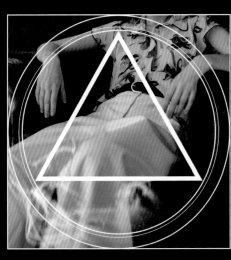

复制图层

24 按Ctrl+J组合键复制正圆，并按Ctrl+T组合键对图像执行自由变换，调整其位置和大小。在属性栏中设置"椭圆1 拷贝"的描边宽度为5像素。

再次复制图层

25 再次按Ctrl+J组合键复制正圆，并按Ctrl+T组合键调整其位置和大小。在属性栏中设置"椭圆1 拷贝2"的描边宽度为10像素，制造出魔法阵的雏形。

绘制三角形

26 在工具箱中选择多边形工具，在属性栏中设置"边"为3、描边宽度为40像素，按住Shift键在画布上绘制一个等边三角形，并按Ctrl+T组合键调整其角度、位置和大小。

复制图层

27 按Ctrl+J组合键复制等边三角形，并按Ctrl+T组合键对图形执行垂直方向的翻转，将复制的三角形移动到合适的位置，制作出六芒星图形。

置入老鹰

28 从文件夹中选择"鹰"图像文件置入，并调整其位置和大小，注意使老鹰图像大致与六芒星的形状吻合。选中两个等边三角形所在的图层，按Ctrl+G组合键收入组中。

扩展选区

29 按住Ctrl键单击"鹰"图层的缩略图，在菜单栏中执行"选择>修改>扩展"命令，在弹出的"扩展选区"对话框中设置"扩展量"为15像素，并在"图层"面板中单击"添加图层蒙版"按钮。

置入太阳和月亮

30 从文件夹中分别选择"太阳"和"月亮"图像文件并置入，并调整其位置和大小。

复制图像

31 多次复制"太阳"图层和"月亮"图层，使图像错落排布在六芒星和圆形的六个夹角中。

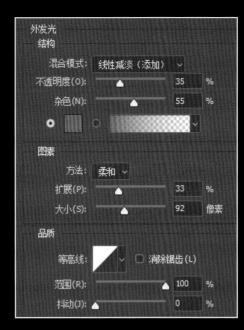

图层样式

33 双击"魔法阵"图层，在弹出的"图层样式"对话框中勾选"颜色叠加"和"外发光"复选框，设置"颜色叠加"的颜色为白色、"混合模式"为"正常"、"不透明度"为100%，设置"外发光"的"混合模式"为"线性减淡（添加）"、"不透明度"为35%、"杂色"为55%、颜色为#ff5100，设置"方法"为"柔和"、"扩展"为33%、"大小"为92像素，设置"等高线"为"线性"、"范围"为100%、"抖动"为0%，并单击"确定"按钮。

智能对象

32 在"图层"面板中选中所有魔法阵相关的图层，并将图层转换为智能对象，重命名为"魔法阵"。

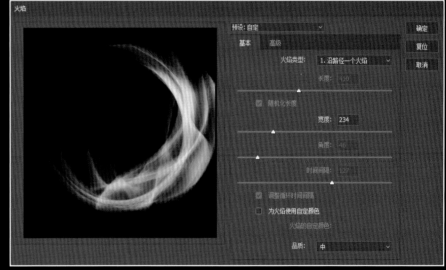

存储路径

34 在工具箱中选择椭圆工具，按住Shift键在画布上绘制一个正圆，在"通道"面板中双击"椭圆1形状路径"，并在弹出的"存储路径"对话框中单击"确定"按钮。

"火焰"滤镜

35 在"通道"面板中单击选中所存储的路径，在"图层"面板中栅格化椭圆图层。在菜单栏中执行"滤镜>渲染>火焰"命令，在弹出的"火焰"对话框中设置"火焰类型"为"1.沿路径一个火焰"、"长度"为410、"宽度"为234、"角度"为46、"时间间隔"为127，并勾选"随机化长度"复选框。

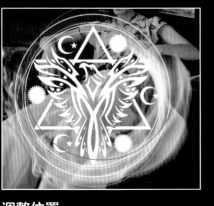

继续制作火焰效果

37 在"图层"面板中新建一个图层，在菜单栏中执行"滤镜>渲染>火焰"命令，在弹出的"火焰"对话框中设置"火焰类型"为"6.烛光"，其他参数均不作变动。单击"确定"按钮，按Ctrl+T组合键对图像执行自由变换，旋转调整图像的角度，并移动到合适的位置。

调整位置

36 调整火焰的位置，使火焰与魔法阵的边缘贴合。

继续制作火焰效果

38 在"图层"面板中新建一个图层，在菜单栏中执行"滤镜>渲染>火焰"命令，在弹出的"火焰"对话框中设置"火焰类型"为"5.多角度多个火焰"，其他参数均不作变动，单击"确定"按钮。移动图像到合适的位置，并为该图层添加图层蒙版，选择一个柔边画笔，使用黑色在蒙版上擦除多余的部分。

调整颜色

39 将"魔法阵"图层和三个火焰图层收入到组中，为图层组新建一个剪贴蒙版图层，设置混合模式为"滤色"，使用颜色#cd8032对魔法阵进行涂抹。

发光的手臂

40 在图层组下方新建一个图层，设置混合模式为"强光"，使用颜色#eec64b涂抹人物的手臂部分。

发光的魔法阵

41 继续新建一个图层，设置混合模式为"滤色"，调整画笔的大小与魔法阵大致相等，设置"硬度"为0%、"流量"为15%，使用颜色#cc3f1b制作魔法阵的光晕。

改变颜色

42 新建一个"色相/饱和度"调整图层，并设置为魔法阵所在的图层组的剪贴蒙版，在"属性"面板中设置"色相"为−20、"饱和度"为+14，并在蒙版上擦除不需要更改的部分。

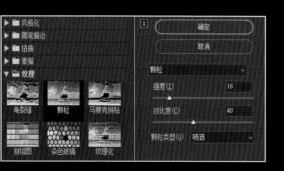

"颗粒"滤镜

43 按Shift+Ctrl+Alt+E组合键将当前图像盖印为新图层，并转换为智能对象。在菜单栏中执行"滤镜>滤镜库"命令，在弹出的对话框中选择"纹理>颗粒"滤镜，设置"强度"为16、"对比度"为40、"颗粒类型"为"喷洒"，并单击"确定"按钮。

"彩色半调"滤镜

44 按Ctrl+C组合键复制图层，并清除其滤镜效果。在菜单栏中执行"滤镜>像素化>彩色半调"命令，在弹出的"彩色半调"对话框中设置"最大半径"为15像素、"网角（度）"的4个通道参数均为60。

"柔光"混合模式

45 将图层的混合模式设置为"柔光"、"不透明度"设置为50%，并为图层添加图层蒙版，选择一个柔边画笔，使用黑色擦除多余的网点。

3 制作一个包装设计

当想要你的设计更加引人注目时，添加滤镜总会是个好的解决方案。在使用滤镜的时候，你需要充分利用Photoshop中的智能对象功能，它可以保留原始图层的所有信息，让你能够对图像进行非破坏性编辑，同时也可以保留所使用的滤镜的信息，这意味着你可以随时返回任何图层，并调整为其设置的滤镜参数。

为什么有时我们一定要使用"滤镜库"？因为这样你就可以在一个对话框中同时设置多个滤镜，并查看它们的效果。这会让你的工作变得更加方便，尝试着使用这些技巧吧！

初始图像

创建路径

01 从文件夹中选择"礼盒"图像文件打开，在工具箱中选择钢笔工具，结合添加锚点工具沿丝带和礼盒重叠的部分创建路径。

抠出丝带

02 将路径转换为选区，并设置"羽化半径"为0像素。在"图层"面板中选中"背景"图层，按下Ctrl+J组合键复制选区内的图像为新图层，并重命名为"羽化0"。

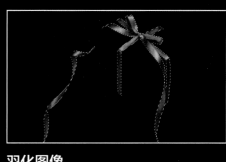

羽化图像

03 在"图层"面板中按住Ctrl键单击"羽化0"图层的图层缩略图，按下Shift+F6组合键，在弹出的"羽化选区"对话框中设置"羽化半径"为2像素，按下按下Ctrl+J组合键复制选区内的图像为新图层，并重命名为"羽化2"。

再次羽化图像

04 再次将"羽化0"图层载入选区，并对选区羽化5像素，选择"背景"图层，按下Ctrl+J组合键复制选区内的图像为新图层，拖曳到所有图层上方，并重命名为"羽化5"。

添加图层蒙版

05 分别为三个图层添加图层蒙版，并填充"羽化5"和"羽化2"图层的图层蒙版为黑色。

擦除多余图像

06 选择"羽化0"图层，在工具箱中选择画笔工具，设置"硬度"为0%、"不透明度"为50%。"流量"为35%，使用黑色在图层蒙版上擦除多余的图像。

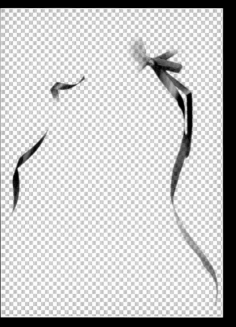

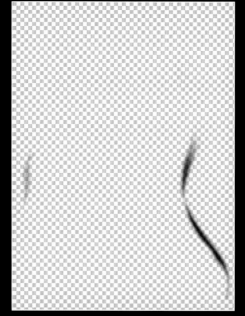

抠出所有丝带

09 使用同样的方法抠出所有丝带，并在"图层"面板中选中所有丝带图层，按下Ctrl+G组合键将图层收入到组中，重命名组为"丝带"。

擦除多余图像

07 选择"羽化2"图层，使用白色画笔在蒙版上擦除多余的图像。

擦除多余图像

08 选择"羽化5"图层，同样使用白色画笔在蒙版上擦除多余的图像。

复制图像

10 在"背景"图层上方新建一个图层，并重命名为"冬"。从文件夹中选择"冬"图像文件打开，按下Ctrl+A组合键选择全部，并按下Ctrl+C组合键复制选区内的图像。

"消失点"滤镜

11 返回"礼盒"文档窗口，在菜单栏中执行"滤镜>消失点"命令，在打开的"消失点"对话框中使用创建平面工具单击叠加在最下方的礼盒的四角创建平面。

继续创建平面

12 再次选择创建平面工具，将光标移动到之前所创建的平面中间的锚点上，拖曳锚点创建新的平面，注意使平面与盒子的边缘贴合。

粘贴图像

13 按下Ctrl+V组合键粘贴之前所复制的图像，并按下Ctrl+T组合键对图像执行自由变换，按住Shift键拖曳图像四角的定界框缩放图像的大小，并按Enter键进行确定。

继续创建平面

15 重复之前的步骤，使用创建平面工具创建新的平面，并按下Ctrl+V组合键粘贴图像，调整图像到合适的大小。将图像拖曳至平面中，对图像的位置进行调整，单击"确定"按钮。

拖曳图像

14 将图像拖曳至之前所创建的平面中，并调整其在平面中的位置。

继续在盒子上贴图

16 在"图层"面板中取消"冬"图层的可见性，新建一个图层，并重命名为"秋"。从文件夹中选择"秋"图像文件打开，按下Ctrl+A组合键全选图像，按下Ctrl+C组合键复制选区内的图像。回到"礼盒"文档窗口，在菜单栏中执行"滤镜>消失点"命令，在打开的"消失点"对话框中按下Delete键删除原本的平面，并为倒数第二个盒子创建平面，然后粘贴所复制的图像。

点石成金

越过边界

在创建平面的时候，只要透视基本正确，可以不那么注重平面线条与盒子边缘的贴合，甚至可以让图像溢出盒子的边界。在贴图完成后，只需要使用图层蒙版，就可以轻松擦除多余的图像。

为所有盒子贴图

17 继续使用同样的方法，使用"春"和"夏"图像文件，为剩下的两个盒子完成贴图。

复制图层组

18 使用蒙版擦除每个图层上多余的部分，并将四个图层收入组中，重命名组为"贴图"，并按下Ctrl+J组合键复制图层组。

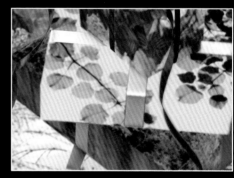

高斯模糊

19 将所复制的图层组转换为智能对象，在菜单栏中执行"滤镜>模糊>高斯模糊"命令，在打开的"高斯模糊"对话框中设置"半径"为2.5像素，并单击"确定"按钮。

色相/饱和度

21 新建一个图层组，将"贴图"图层组和"贴图 拷贝"图层收入到图层组中，新建一个"色相/饱和度"调整图层，并设置为该图层组的剪贴蒙版。在"属性"面板中设置"红色"的"色相"为+5、"饱和度"为-6，设置"黄色"的"饱和度"为-25、"青色"的"饱和度"为-100、"蓝色"的"饱和度"为-22。

图层蒙版

20 为"贴图 拷贝"图层添加图层蒙版，选择一个柔边画笔，使用黑色在蒙版上擦除不需要进行模糊的部分。

改变颜色

22 为"丝带"图层组新建一个剪贴蒙版图层，并设置混合模式为"颜色"，使用白色在图层上涂抹第二个盒子的丝带。

继续改变颜色

23 再次为"丝带"图层组新建一个剪贴蒙版图层，并设置混合模式为"变暗"，使用颜色#000000涂抹第三个盒子的丝带，使用颜色#780000涂抹第四个盒子的丝带。

将通道作为选区载入

24 在"图层"面板中取消对"背景"图层以外所有图层的可见性，在"通道"面板中单击"蓝"通道，并按下Ctrl+Alt+5组合键将"蓝"通道作为选区载入。

制作阴影

25 按下Shift+Ctrl+I组合键反选选区，按下Ctrl+C组合键复制选区内的图像，在所有图层上方新建一个图层，按下Ctrl+V组合键粘贴图像，并设置混合模式为"正片叠底"。

继续制作阴影

26 使用同样的方法复制"红"通道的阴影，在所有图层上方新建一个图层并粘贴所复制的图像，设置图层的混合模式为"柔光"、"不透明度"为64%。

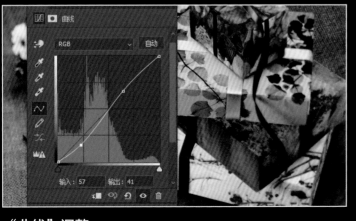

"曲线"调整

27 新建一个"曲线"调整图层，在"属性"面板中添加两个编辑点，设置第一个点的"输入"为57、"输出"为41，设置第二个点的"输入"为164、"输出"为171。

删除多余图像

28 按住Ctrl键在"图层"面板中单击"贴图 拷贝"图层的图层缩略图，将图像载入选区，单击"曲线"图层的蒙版缩略图，填充选区的颜色为黑色。

"径向模糊"滤镜
"径向模糊"滤镜可以模拟出镜头旋转移动的效果。

"表面模糊"滤镜
"表面模糊"滤镜可以在模糊图像的同时尽可能保留图像的边缘。

"高反差保留"滤镜
使用"高反差保留"滤镜可以提取出图像的纹理，结合图层的混合模式保留皮肤的质感。

初始图像

4 为图像添加光圈效果

在对一幅肖像进行基本的润饰之后，你可以应用滤镜为它添加一些特别的效果，让图像提升一个层次。在这个案例中，我们需要对人物的面部皮肤进行基本处理，然后使用滤镜为图像添加光圈效果，再通过图层蒙版和混合模式将光圈、烟火和人物融合在一起。"表面模糊"滤镜可以帮助你让人物的皮肤变得更加光滑细致，而"高反差保留"滤镜可以保留皮肤应有的质感。你还可以使用"径向模糊"滤镜让光圈的效果更加自然，然后使用"动感模糊"滤镜让光圈里的光丝更具动感。

点石成金

智能对象

记得如何才能对图像进行非破坏性地编辑吗？复制图层，并将图层转换为智能对象，随时调整你所使用的滤镜的参数。

打开图像

01 从文件夹中选择"肖像"图像文件打开，并对画面进行适当的裁剪，然后按Ctrl+J组合键复制"背景"图层。

表面模糊

02 在菜单栏中执行"滤镜>模糊>表面模糊"命令，在打开的"表面模糊"对话框中设置"半径"为62像素、"阈值"为36色阶，并单击"确定"按钮。

历史记录画笔工具

03 在"历史记录"面板中单击"表面模糊"的左列，将"表面模糊"历史记录设置为历史记录画笔工具的源，单击"通过拷贝的图层"记录，返回上一条操作。

磨皮

04 在工具箱中选择历史记录画笔工具，设置"硬度"为0%、"流量"为20%，灵活变化画笔大小，在图层上涂抹人物面部的瑕疵部分。进行这一步时，注意保留人物五官的基本轮廓，并注意对人物的额头、下巴和脸部被头发遮挡的部分同样进行清理。

高斯模糊

05 按Ctrl+J组合键复制一层，在菜单栏中执行"滤镜>模糊>高斯模糊"命令，在打开的"高斯模糊"对话框中设置"半径"为15像素，并单击"确定"按钮。

鼻部磨皮

06 重复之前的步骤，在"历史记录"面板中将"高斯模糊"设置为历史记录画笔工具的源，返回上一操作步骤，使用历史记录画笔工具涂抹人物鼻部的瑕疵。

高反差保留

07 复制"背景"图层，并移动到所有图层上方。在菜单栏中执行"滤镜>其他>高反差保留"命令，在弹出的"高反差保留"对话框中设置"半径"为2.8像素。

污点修复画笔工具

08 在工具箱中选择污点修复画笔工具，在属性栏中单击"近似匹配"按钮，在人物面部较为明显的雀斑部分进行大致的涂抹修复。

覆盖纹理

09 设置图层的混合模式为"线性光"、"不透明度"为54%，为图层添加图层蒙版，填充蒙版的颜色为黑色，选择一个柔边画笔，使用白色在蒙版上涂抹需要显示皮肤纹理的部分。

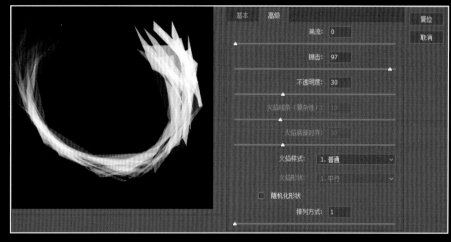

绘制路径

10 新建一个图层，在工具箱中选择椭圆工具，在属性栏中设置工具模式为"路径"，在画布上绘制一个圆形的路径。

制作火焰

11 在菜单栏中执行"滤镜>渲染>火焰"命令，在弹出的"火焰"对话框中设置"火焰类型"为"6.烛光"、"品质"为"草图（快）"，单击"高级"选项卡，在打开的区域中设置"湍流"为0、"锯齿"为97、"不透明度"为30、"火焰线条（复杂性）"为10、"火焰底部对齐"为30、"火焰样式"为"1.普通"、"火焰形状"为"1.平行"、"排列方式"为1。

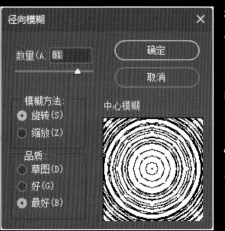

径向模糊

12 在菜单栏中执行"滤镜>模糊>径向模糊"命令，在弹出的"径向模糊"对话框中设置"数量"为81、"模糊方法"为"旋转"、"品质"为"最好"，并单击"确定"按钮。

缩放大小

13 按下按下Ctrl+T组合键对图像执行自由变换，缩放到合适的大小，并对图像进行水平方向的翻转，移动到合适的位置，设置混合模式为"亮光"。

色相/饱和度

14 新建一个"色相/饱和度"调整图层，在"属性"面板中设置"色相"为+160、"饱和度"为-16，并单击"此调整剪切到此图层"按钮。

绘制光丝

15 在工具箱中选择椭圆工具，在属性栏中设置工具模式为"形状"，"填充"为"无填充"，"描边"颜色为白色，随意在画布上绘制一些描边宽度不等的圆形。

动感模糊

16 将所有光丝图层分别转换为智能对象，在菜单栏中执行"滤镜>模糊>动感模糊"命令，在弹出的"动感模糊"对话框中设置"角度"为35度、"距离"为24像素，单击"确定"按钮。按住Alt键拖曳图层右侧的滤镜图标，为其他椭圆形状复制应用"动感模糊"滤镜。

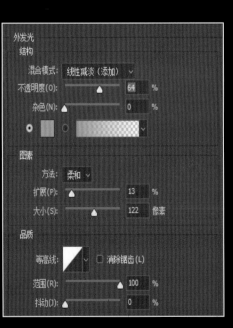

外发光

17 将所有光丝图层都收入到组中，双击图层组，在弹出的"图层样式"对话框中勾选"外发光"复选框，设置"混合模式"为"线性减淡（添加）"、"不透明度"为64%、颜色为#00b2ff、"方法"为"柔和"、"扩展"为13%、"大小"为122像素、"等高线"为"线性"、"范围"为100%。

置入烟花

18 从文件夹中选择"烟花"图像文件置入，调整其位置和大小，并设置混合模式为"滤色"。

色相/饱和度

19 新建一个"色相/饱和度"调整图层，并设置为"烟花"图层的剪贴蒙版，在"属性"面板中设置"色相"为+180、"饱和度"为+54。

Camera Raw滤镜

20 最后，可以按下Shift+Ctrl+Alt+E组合键盖印当前图像为新图层，并使用Camera Raw滤镜对图像的整体进行一些调整。可以加深一些对比度，或改变图像的色调。

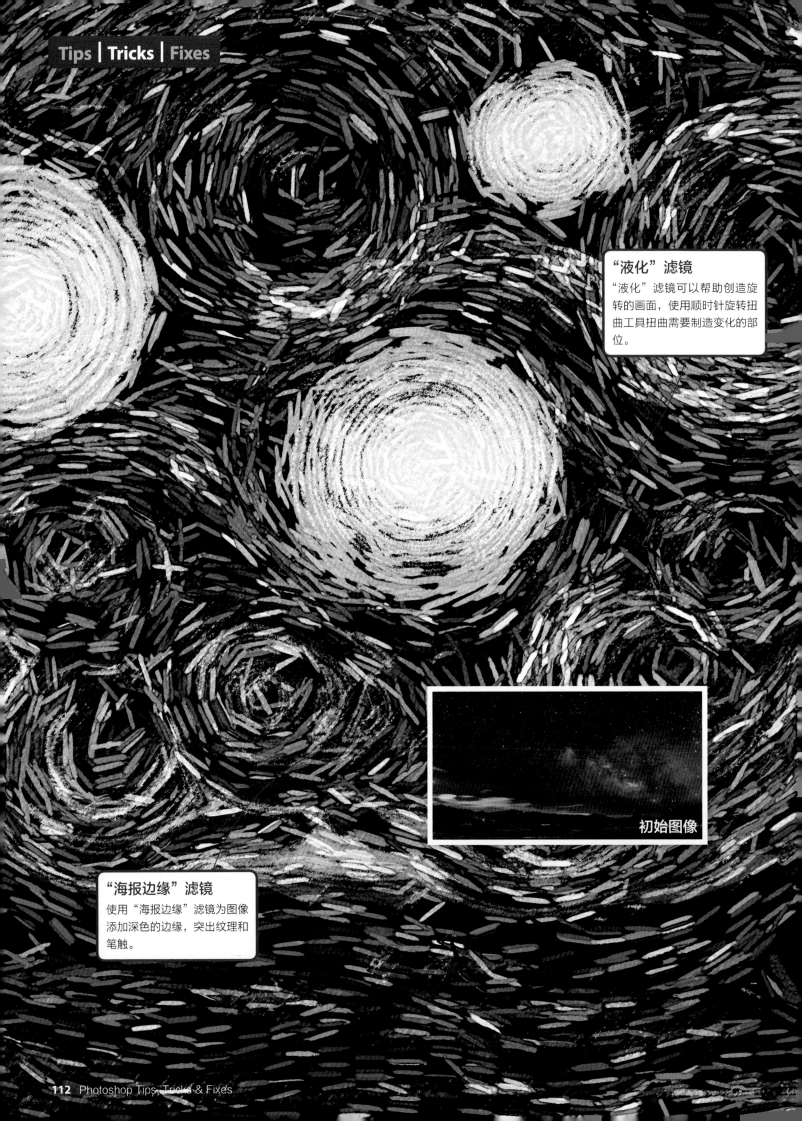

"液化"滤镜

"液化"滤镜可以帮助创造旋转的画面，使用顺时针旋转扭曲工具扭曲需要制造变化的部位。

初始图像

"海报边缘"滤镜

使用"海报边缘"滤镜为图像添加深色的边缘，突出纹理和笔触。

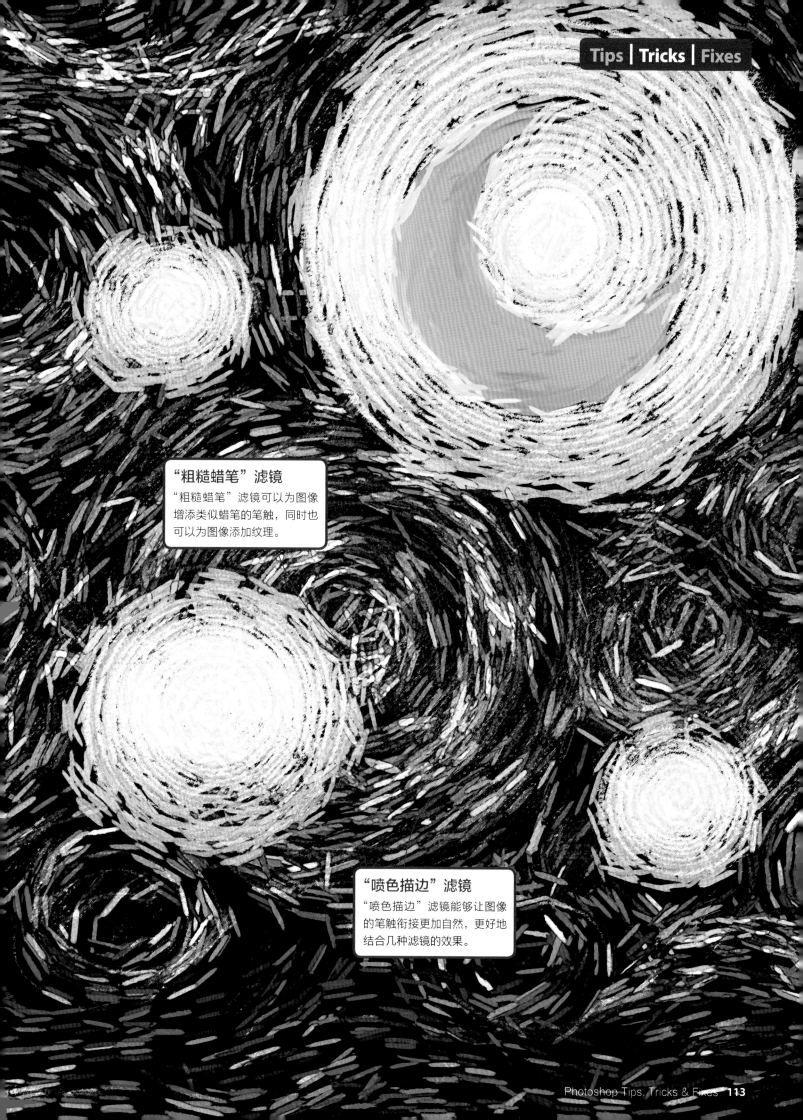

"粗糙蜡笔"滤镜

"粗糙蜡笔"滤镜可以为图像
增添类似蜡笔的笔触，同时也
可以为图像添加纹理。

"喷色描边"滤镜

"喷色描边"滤镜能够让图像
的笔触衔接更加自然，更好地
结合几种滤镜的效果。

5 模仿具有代表性的艺术画作

使用滤镜来模仿一些著名的艺术作品，比如梵高的《星月夜》

裁剪图像

01 从文件夹中选择"夜空"图像文件打开，并使用裁剪工具裁剪到合适的大小。

液化图像

02 按Ctrl+J组合键复制"背景"图层，在菜单栏中执行"滤镜>液化"命令，在打开的"液化"对话框中选择顺时针旋转扭曲工具，在右侧的"属性"区域中勾选"光笔压力"和"固定边缘"复选框，设置"压力"为100、"速率"为100、"密度"为30，灵活变化画笔大小，对画面进行基本的扭曲。

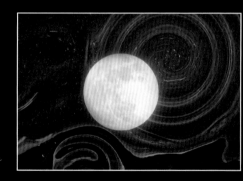

置入月亮

03 从文件夹中选择"月亮1"图像文件置入，调整其位置和大小，并设置混合模式为"滤色"。

复制图像

04 多次复制月亮图层，并调整位置和大小，让画面上出现大大小小的月球。

图层蒙版

05 为每个月亮图层添加图层蒙版，选择一个柔边画笔，使用黑色在蒙版上擦除多余的部分。

色彩平衡

06 在"图层"面板中新建一个组，将所有月亮图层都收入组中。新建一个"色彩平衡"调整图层，并设置为组的剪贴蒙版，在"属性"面板中设置"青色-红色"为+45、"黄色-蓝色"为-100。

色相/饱和度

07 新建"色相/饱和度"调整图层，并设置为组的剪贴蒙版，在"属性"面板中设置"饱和度"为+31。

液化

08 按下Shift+Ctrl+Alt+E组合键盖印当前图像为新图层，将图层转换为智能对象。在菜单栏中执行"滤镜>液化"命令，在打开的"液化"对话框中使用顺时针旋转扭曲工具扭曲所有的月亮，并单击"确定"按钮。

海报边缘

09 在菜单栏中执行"滤镜>滤镜库"命令，在打开的对话框中选择"艺术效果>海报边缘"滤镜，设置"边缘厚度"为10、"边缘强度"为10、"海报化"为3。

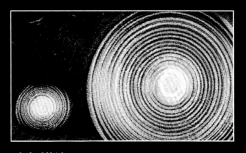

粗糙蜡笔

10 单击"滤镜库"对话框右下角的"新建效果图层"按钮，并选择"艺术效果>粗糙蜡笔"滤镜，设置"描边长度"为40、"描边细节"为20、"纹理"为"粗麻布"、"缩放"为200%、"凸现"为20、"光照"为"下"。

喷色描边

11 再次单击"滤镜库"对话框右下角的"新建效果图层"按钮，并选择"画笔描边>喷色描边"滤镜，设置"描边长度"为20、"喷色半径"为12、"描边方向"为"右对角线"，单击"确定"按钮。

置入月亮

12 从文件夹中选择"月亮2"图像文件置入，并调整其位置和大小，使用"图层样式"叠加月亮的颜色为#ff9c00。

让画面转动起来　顺时针旋转扭曲工具

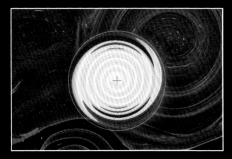

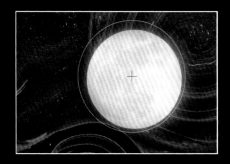

调整画笔大小

01 在"液化"对话框左侧的工具栏中选择顺时针旋转扭曲工具，调整画笔的大小，让画笔比月亮稍大。

长按进行扭曲

02 将画笔稍稍向月亮左上方偏移，向右下方稍稍拖曳，保持长按鼠标左键不动，图像将自动进行扭曲。

重复操作

03 当图像扭曲到符合需要的程度后，释放鼠标左键。对所有月亮进行同样的操作。

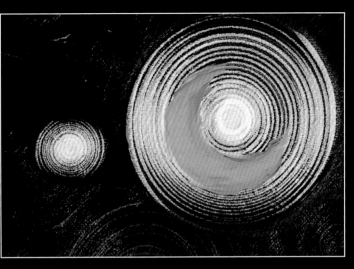

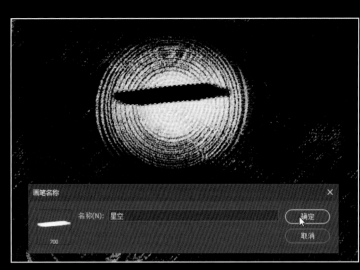

混合器画笔工具

13 在工具箱中设置前景色为#ff9c00，选择混合器画笔工具，在属性栏中设置"潮湿"为100%、"载入"为100%、"混合"为100%、"流量"为100%，在月亮上进行涂抹，为月亮添加绘画笔触。

自定义画笔

14 选择画笔工具，随意选择一个画笔，新建一个图层，在画布上绘制一个笔触，按住Ctrl键单击图层缩略图将图像载入选区。在菜单栏中执行"编辑>定义画笔预设"命令，在弹出的对话框中设置"名称"为"星空"。

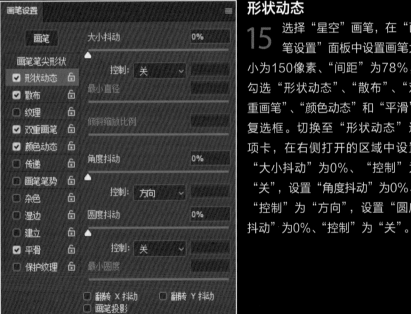

形状动态

15 选择"星空"画笔，在"画笔设置"面板中设置画笔大小为150像素、"间距"为78%，勾选"形状动态"、"散布"、"双重画笔"、"颜色动态"和"平滑"复选框。切换至"形状动态"选项卡，在右侧打开的区域中设置"大小抖动"为0%、"控制"为"关"，设置"角度抖动"为0%、"控制"为"方向"，设置"圆度抖动"为0%、"控制"为"关"。

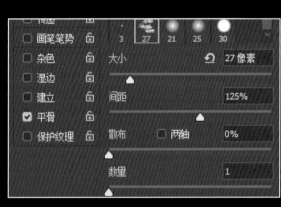

双重画笔

16 切换至"双重画笔"选项卡，在右侧打开的区域中设置"模式"为"颜色加深"，勾选"翻转"复选框，选择"Kyle 印象 9"画笔，设置"大小"为27像素、"间距"为125%、"散布"为0%、"数量"为1。

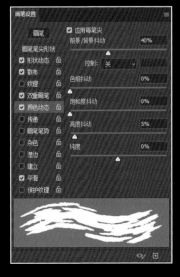

散布

17 切换至"散布"选项卡，在右侧打开的区域中设置"散布"为88%、"控制"为"关"、"数量"为3、"数量抖动"为0%、"控制"为"关"。

颜色动态

18 切换至"颜色动态"选项卡，在右侧打开的区域中勾选"应用每笔尖"复选框，设置"前景/背景抖动"为40%、"控制"为"关"、"色相抖动"为0%、"饱和度抖动"为0%、"亮度抖动"为5%、"纯度"为0%。

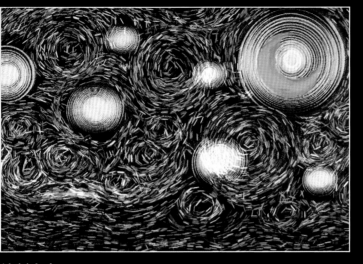
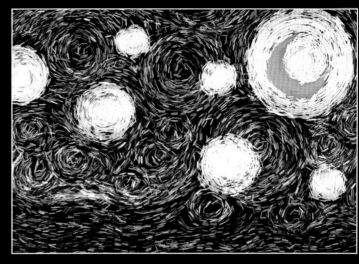

绘制夜空

19 新建一个图层，设置混合模式为"线性减淡（添加）"，从夜空上吸取较浅的颜色为前景色、较深的颜色为背景色，并根据绘制的需要随时更改前景色和背景色，使用刚才所设置的画笔沿着画面的纹理进行绘制。

绘制月亮

20 继续新建一个图层，设置混合模式为"线性减淡（添加）"，设置前景色为#ff9c00、背景色为#FFFFFF，使用所设置的画笔涂抹月亮的轮廓。这一步是让图像看起来更具梵高风格的关键。

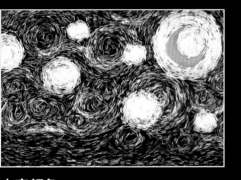
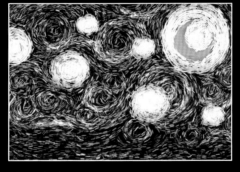

绘画涂抹

23 将组转换为智能对象，并设置混合模式为"线性减淡（添加）"。在菜单栏中执行"滤镜>滤镜库"命令，在打开的对话框中选择"艺术效果>绘画涂抹"滤镜，设置"画笔大小"为10、"锐化程度"为5、"画笔类型"为"未处理深色"。

丰富颜色

21 继续新建一个图层，设置混合模式为"线性减淡（添加）"，从图像上吸取一个较深的橙色作为前景色、一个蓝色作为背景色，在画布上绘制一些旋涡。

擦除多余图像

22 为最下层的夜空纹理添加图层蒙版，按住Ctrl键单击月亮纹理的图层缩略图，将图像载入为选区，并在夜空纹理图层的蒙版上填充选区的颜色为黑色。

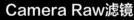
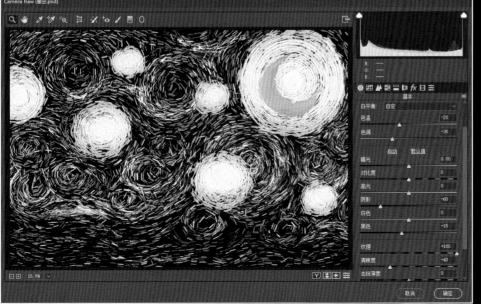

Camera Raw滤镜

24 最后，我们需要使用Camera Raw滤镜对图像进行整体的调整，加深图像的对比度，并且调整图像的整体色调，让它看起来更接近梵高的画作。按下Shift+Ctrl+Alt+E组合键将当前图像盖印为新图层，在菜单栏中执行"滤镜>Camera Raw滤镜"命令，在打开的"Camera Raw"对话框中设置"色温"为20、"色调"为-35、"阴影"为-60、"黑色"为-15、"纹理"为+100、"清晰度"为-40，并单击"确定"按钮。

"点状化"滤镜

使用"点状化"滤镜为图像增添类似水彩笔涂鸦的绘画效果。

初始图像

6 把一张照片变成一幅画

"海报边缘"滤镜

03 按Ctrl+J组合键复制一层，双击所复制的图层的滤镜，打开"滤镜库"对话框，单击对话框右下角的"新建效果图层"按钮，添加"海报边缘"滤镜，设置"边缘厚度"为10、"边缘强度"为10、"海报化"为6，单击"确定"按钮，并设置图层的混合模式为"深色"。

"木刻"滤镜

02 在菜单栏中执行"滤镜>滤镜库"命令，在打开的对话框中选择"艺术效果>木刻"滤镜，设置"色阶数"为8、"边缘简化度"为7、"边缘逼真度"为1，并单击"确定"按钮。

打开图像

01 从文件夹中选择"狗"图像文件打开，并按Ctrl+J组合键复制"背景"图层，将所复制的图层转换为智能对象。

"点状化"滤镜

04 按Ctrl+J组合键复制一层，清除图层的滤镜效果，在菜单栏中执行"滤镜>像素化>点状化"命令，在弹出的"点状化"对话框中设置"单元格大小"为50，单击"确定"按钮，设置图层的混合模式为"柔光"。

还可以怎么做？ "晶格化"滤镜

"晶格化"滤镜能够在保留所有绘画线条的同时添加一些类似于使用水彩笔点触手绘的效果。和"点状化"滤镜相比，"晶格化"滤镜会塑造出另一种绘画风格。在菜单栏中执行"滤镜>像素化>晶格化"命令，在弹出的"晶格化"对话框中设置"单元格"大小为79，并设置图层的混合模式为"变亮"，将会看到图像在保留了一部分线条笔触的同时呈现出更多色块。

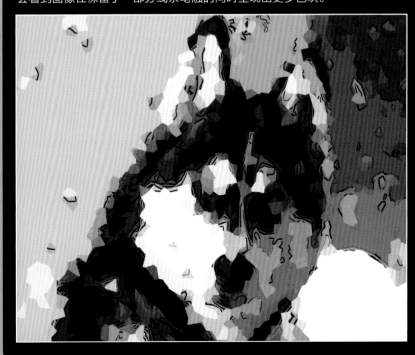

柔和薄雾
Camera Raw滤镜中的"柔和薄雾"预设可以让图像呈现出更加柔和梦幻的色彩。

7 制作一幅棱镜风格的图像

使用Photoshop 创造棱镜风格

在最后的教程中，你将结合使用滤镜创建一幅棱镜风格的彩色人物肖像

无论你想要制作什么样的图像，都会发现至少有一个滤镜会对你的作品有用。滤镜通常被认为是制造基本效果的一键选项，但它们也可以变得更有趣。通过分层的方式使用滤镜，你可以创造出令人惊讶的作品。

在这个案例中，我们使用了大量的滤镜，最终的作品看起来完全像是绘制出来的，而不是由滤镜制作的。有很多不同的滤镜可以应用各种效果，你可以使用"高反差保留"滤镜来提高质感，对大多数的肖像进行最后的修饰，但在本次教程中，我们将使用一些滤镜让图像的色彩变得简单，"海报边缘"滤镜能够快速为你的作品制造轮廓，"木刻"滤镜可以简化你图像的颜色。

尝试着使用不同的滤镜是制作新效果的好方法，你可以对所有的参数进行调整，看看它们的变化会给图像带来什么。Camera Raw滤镜中包含着一些滤镜的预设，但它们不能进行太多个性化的调整。在这些滤镜的帮助下，Photoshop可以让你的图像提高一个层次。

初始图像

色彩范围

01 从文件夹中选择"人物"图像文件打开，按下Ctrl+J组合键复制"背景"图层，为复制出的"图层1"图层添加图层蒙版。在菜单栏中执行"选择>色彩范围"命令，在弹出的"色彩范围"对话框中设置"颜色容差"为34，单击"添加到取样"按钮，在画布上多次单击背景部分的颜色进行取样，并单击"确定"按钮。

删除背景

02 选择"图层1"图层的图层蒙版，并使用黑色对选区进行填充。

抠出皮肤

03 再次在菜单栏中执行"选择>色彩范围"命令，使用同样的方法选中人物的皮肤，并使用白色在图层蒙版上对选区进行填充。

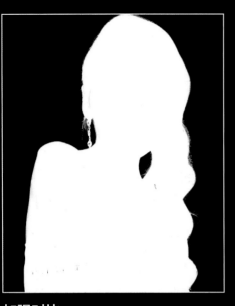

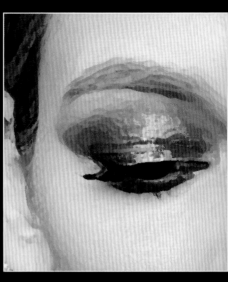

加强对比

04 按住Alt键单击"图层1"图层的蒙版缩略图，按下Ctrl+L组合键打开"色阶"对话框，使用色阶调整图像的背景为黑色、人像主体为白色，并使用画笔工具覆盖涂抹图像上的杂色。

去除白边

05 将蒙版应用到图层上，在菜单栏中执行"图层>修边>移去白色杂边"命令，去除图像边缘的白边。

"干画笔"滤镜

06 按下Ctrl+J组合键复制一层，并转换为智能对象，在菜单栏中执行"滤镜>滤镜库"命令，在打开的对话框中选择"艺术效果>干画笔"滤镜，设置"画笔大小"为10、"画笔细节"为10、"纹理"为3。

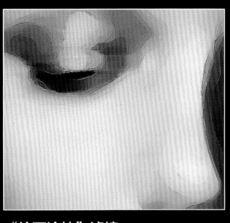

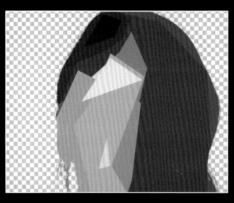

"绘画涂抹"滤镜

07 单击"滤镜库"对话框右下角的"新建效果图层"按钮，添加"艺术效果>绘画涂抹"滤镜，设置"画笔大小"为34、"锐化程度"为10、"画笔类型"为"宽锐化"，并单击"确定"按钮。

"木刻"滤镜

08 按下Ctrl+J组合键复制一层，在打开的"滤镜库"对话框中更改底层的滤镜为"木刻"，设置"色阶数"为8、"边缘简化度"为10、"边缘逼真度"为1，并单击"确定"按钮。

擦除多余滤镜效果

09 设置图层的混合模式为"线性加深"，选择一个硬边画笔，在"智能滤镜"的滤镜蒙版上使用黑色遮盖人物头发的部分。

复制阴影

10 隐藏"背景"图层之外的所有图层，在"通道"面板中单击"绿"通道，并单击"将通道作为选区载入"按钮，按下Shift+Ctrl+I组合键反选选区，并按下Ctrl+C组合键复制选区内的图像。在"图层"面板中新建一个图层，按下Ctrl+V组合键粘贴图像，并将图层转换为智能对象。

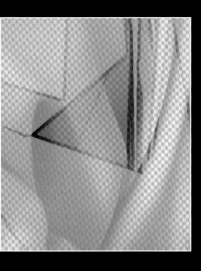

滤镜库

11 在菜单栏中执行"滤镜>滤镜库"命令，并选择"艺术效果>木刻"滤镜，设置"色阶数"为8、"边缘简化度"为10、"边缘逼真度"为1。单击"新建效果图层"按钮，并选择"艺术效果>海报边缘"滤镜，设置"边缘厚度"为10、"边缘强度"为10、"海报化"为6，并单击"确定"按钮。

擦除多余效果

12 选择一个硬边画笔，使用黑色画笔在智能滤镜的滤镜蒙版上擦除人物鼻子和嘴唇上多余的线条。

彩色半调

13 按下Shift+Ctrl+Alt+E组合键盖印当前图像为新图层，并转换为智能对象。在菜单栏中执行"滤镜>像素化>彩色半调"命令，在弹出的"彩色半调"对话框中设置"最大半径"为20像素，并将"网角（度）"的4个通道的参数均设置为90，单击"确定"按钮。

擦除多余效果

14 选择一个硬边画笔，使用黑色在智能滤镜的滤镜蒙版上擦除多余的图像，只保留人物头发上的网点。

渐变填充

15 在所有图层下方新建一个"渐变填充"效果图层，在"渐变编辑器"中设置渐变为"彩虹色_14"、"渐变类型"为"实底"、"平滑度"为100%。

置入背景

16 从文件夹中选择"背景"图像文件置入，并调整其位置和大小，将所置入的"背景"图层放在"渐变填充1"图层的上方，并设置混合模式为"叠加"。

滤镜库

17 在菜单栏中执行"滤镜>滤镜库"命令，在弹出的"滤镜库"对话框中选择"艺术效果>木刻"滤镜，设置"色阶数"为8、"边缘简化度"为9、"边缘逼真度"为2。单击"新建效果图层"按钮，设置滤镜为"海报边缘"，设置"边缘厚度"为2、"边缘强度"为1、"海报化"为2，并单击"确定"按钮。

彩色半调

18 在菜单栏中执行"滤镜>像素化>彩色半调"命令，在弹出的"彩色半调"对话框中设置设置"最大半径"为20像素，并将"网角（度）"的4个通道的参数均设置为90，单击"确定"按钮。

擦除多余图像

19 为所置入的"背景"图层添加图层蒙版，在工具箱中选择渐变工具，设置前景色为白色、背景色为黑色，在属性栏中单击"径向渐变"按钮，并勾选"反向"复选框，在蒙版上人物头部的位置绘制渐变。

色调曲线

20 按下Shift+Ctrl+Alt+E组合键将当前图像盖印为新图层，并转换为智能对象。在菜单栏中执行"滤镜>Camera Raw滤镜"命令，在弹出的"Camera Raw"对话框中切换至"色调曲线"选项卡，在打开的区域中设置"高光"为+25、"亮调"为-25、"暗调"为+29、"阴影"为-23。

继续调整亮度

21 再次新建一个"亮度/对比度"调整图层，在"属性"面板中设置"亮度"为-150、"对比度"为100。使用渐变工具在"亮度/对比度2"图层的图层蒙版上从左向右地绘制渐变，并使用画笔工具对调整的具体范围进行进一步修改。

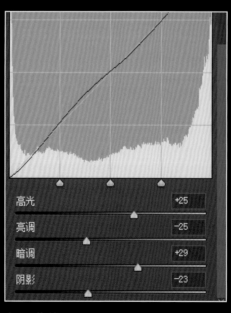

色调曲线

22 按下Shift+Ctrl+Alt+E组合键将当前图像盖印为新图层，并转换为智能对象。在菜单栏中执行"滤镜>Camera Raw滤镜"命令，在弹出的"Camera Raw"对话框中单击"色调曲线"选项卡，在打开的区域中设置"高光"为+25、"亮调"为-25、"暗调"为+29、"阴影"为-23。

柔和薄雾

23 切换至"预设"选项卡，在打开的区域中单击"创意"折叠按钮，在

绘制矩形

24 在工具箱中选择矩形工具，在属性栏中设置"填充"为"无填充"、"描边"为白色、描边宽度为80像素，在画布上绘制一个矩形。

复制矩形

25 按住Alt键长按鼠标左键进行拖曳，复制出一个边框，并使用移动工具调整边框的位置，让边框呈现出交叉的状态。

绘制三角形

26 在工具箱中选择多边形工具，并设置"边"为3，在画布上绘制一些大大小小的矩形，并设置不同的描边宽度。

使用文件夹中的 素材进行一些练习

尽管不同的图像所需要应用的参数会有所不同，但参照我们所提供的教程，你仍然可以较为轻松地制作出一张合格的图片。

正如教程中所强调的那样，首先你需要抠出一张完美的图片，然后对图像应用各种滤镜效果。你需要根据图像实际的表现情况调整滤镜的参数，让色块表现得较为协调，同时多尝试几种图层的混合模式，以使线条叠加的效果更加协调。并不是所有时候都需要对图像进行色彩和色调上的加深和减淡，你需要注意这是否会使你的图像得到提升，而不是一味地参照教程。

在图像基本制作完成之后，使用CameraRaw滤镜对图像进行最后的调整。你需要让图像的色彩变得更加柔和，然后选择一个能让它更完美的预设效果，并尝试着对参数进行更多的改变。

搭建一个超现实的场景

融合图像，创建蒙版，并应用调整图层和滤镜，
创建一个引人注目的超现实场景

在本次教程中，我们将向你展示一种超现实的构图技巧，你将学习如何使用蒙版和调整图层结合多个图像创建场景，如何调整图像的颜色和色调，以及如何创造阴影、制造图像的焦点。最后，你将使用一系列滤镜对图像进行整体修饰，让图像变得更加引人注目。

你将学习如何使用通道和蒙版，蒙版是使用Photoshop处理图像的最重要的技巧之一，它可以让你有选择地隐藏或显示图像的某一部分，或控制图像某一部分的透明度。

本次教程中涉及的另一个重要的技巧是Camera Raw滤镜，它是一个至关重要而且易于使用的编辑器，你可以用它调整图像的亮度、饱和度、清晰度等参数，对图像进行综合性地修改。Camera Raw滤镜不仅可以用于原始图像，也可以用于任何图像格式，所以不要迟疑，尽情探索这个奇妙的滤镜，学习如何改善你的图像吧！

新建文档

01 新建一个"宽度"为44厘米、"高度"为30厘米、"分辨率"为300像素/英寸、"颜色模式"为"RGB模式"的文档，并命名为"合成"。

快速蒙版

02 从文件夹中选择"球场"图像文件打开，使用快速选择工具选择天空部分，按下Q快捷键进入快速蒙版模式，选择一个硬边画笔，使用黑色涂抹不需要的部分，使用白色涂抹需要的图像。

置入球场

03 按下Q快捷键退出快速蒙版模式，使用移动工具拖曳选区内的图像到"合成"文档窗口中，调整球场的位置，重命名图层为"球场"，并将图层转换为智能对象。

置入天空

04 从文件夹中选择"天空"图像文件置入，对图像进行水平方向的翻转，调整其位置和大小，并将"天空"图层置于"球场"图层的下方。

内容识别缩放

05 栅格化"天空"图层，在菜单栏中执行"编辑>内容识别缩放"命令，按住Shift键对天空进行缩放，使云层距离靠近。

绘制路径

06 使用钢笔工具绘制路径，抠出球场的草坪。

置入海

07 从文件夹中选择"海"图像文件置入，并调整其位置和大小。将钢笔路径转换为选区，并在"图层"面板中单击"添加图层蒙版"按钮，然后将抠取完毕的"海"图层置于"球场"图层的上方。

Camera Raw滤镜

08 在菜单栏中执行"滤镜>Camera Raw滤镜"命令，在打开的Camera Raw对话框中设置"色温"为-8、"色调"为-8、"对比度"为+48、"黑色"为-44、"纹理"为+18、"自然饱和度"为+24，并切换至"色调曲线"选项卡，在打开的区域中设置"亮调"为-31，单击"确定"按钮。

滤镜蒙版

11 在工具箱中选择渐变工具，分别设置前景色为白色、背景色为黑色，在属性栏中勾选"反向"复选框，单击"线性渐变"按钮，在画布上从左至右地绘制渐变，使游泳池模糊的部分和球场模糊的部分角度一致。

色彩平衡

09 新建一个"色彩平衡"调整图层，设置"洋红-绿色"为-7、"黄色-蓝色"为+19，并将"色彩平衡1"调整图层和"海"图层合并为智能对象。

高斯模糊

10 在菜单栏中执行"滤镜>模糊>高斯模糊"命令，在打开的"高斯模糊"对话框中设置"半径"为2.6像素，并单击"确定"按钮。

提亮海面

12 新建一个图层，设置混合模式为"柔光"，并设置为"海"图层的剪贴蒙版。选择一个柔边画笔，使用白色提亮海面的右上角。

绘制阴影

13 再次新建一个剪贴蒙版图层，并设置混合模式为"正片叠底"，选择一个硬边画笔，使用黑色沿着水面周边绘制阴影，并在蒙版上擦除多余的部分。

高斯模糊

14 在菜单栏中执行"滤镜>模糊>高斯模糊"命令，在打开的"高斯模糊"对话框中设置"半径"为110像素，并单击"确定"按钮。

Camera Raw滤镜

15 在"图层"面板中选择"球场"图层，在菜单栏中执行"滤镜>Camera Raw滤镜"，在打开的Camera Raw对话框中设置"对比度"为+41、"白色"为-40、"黑色"为-15，切换至"色调曲线"选项卡，在打开的区域中设置"亮调"为-1、"暗调"为-8，并单击"确定"按钮。

置入狗

16 从文件夹中选择"狗"图像文件打开，结合使用快速选择工具和"选择并遮住"功能抠出狗的主体，选中所抠出的狗图像和"背景"图层，按下Ctrl+G组合键收入到组中，并重命名为"狗"，使用移动工具将"狗"图层组拖曳到"合成"文档窗口中，并将其置于所有图层的最上方。

修改沙滩

17 为"背景"图层添加图层蒙版，选择画笔工具，使用黑色在蒙版上擦除图像中多余的部分。在属性栏中设置画笔的"流量"为10，"硬度"为0%，调整画笔的大小，反复使用黑色和白色擦除狗身体的周围细化沙滩的显示范围，让沙滩看起来像是淹没在水中。

沙滩和海面阴影

18 为"狗"图层组新建一个剪贴蒙版图层，并设置混合模式为"柔光"，设置"不透明度"为64%，使用黑色画笔沿球场观众席的投影绘制沙滩上的阴影。为"海"图层同样新建一个剪贴蒙版图层，设置混合模式为"柔光"、"不透明度"为76%，根据同样的原理绘制海面上的阴影。

抠取足球

19 从文件夹中选择"足球"图像文件打开，在工具箱里选择弯度钢笔工具，沿足球边缘绘制路径。

置入足球

20 将路径转换为选区，使用移动工具将选区内的图像移动到"合成"文档窗口中，并调整其大小和位置，使足球被顶在狗的头上。

抠取蛋壳

21 从文件夹中选择"鸡蛋"图像文件打开，使用套索工具抠取合适的蛋壳，将选区内的图像移动到"合成"文档窗口中，按下Ctrl+T组合键对图像执行自由变换，并调整其角度和大小。

擦出边缘

22 为足球所在的图层添加图层蒙版，按住Ctrl键单击蛋壳图层的图层缩略图，并取消图层的可见性，在足球图层的图层蒙版上根据选区擦除图像上多余的部分，制造出不规则的边界。

制作深度

23 双击足球所在的图层，在弹出的"图层样式对话框中勾选"投影"复选框，设置"混合模式"为"正常"、颜色为#eaebf0、"不透明度"为100%、"角度"为-90、"距离"为6。

改变光影

24 为足球所在的图层新建一个剪贴蒙版图层，并设置混合模式为"柔光"。在工具箱中选择渐变工具，保持前景色为白色、背景色为黑色，在图层上从左下至右上绘制渐变，改变足球的光影关系。

置入海豚

25 从文件夹中选择"海豚"图像文件置入，并调整其位置和大小。将海豚图像置于足球的下方，按住Ctrl键单击足球的图层缩略图，并在"图层"面板中单击"添加图层蒙版"按钮。

改变光影

26 为"海豚"图层新建一个剪贴蒙版图层，并设置混合模式为"柔光"。保持前景色为黑色、背景色为白色，使用渐变工具从左上至右下绘制渐变，改变海豚图像的光影关系。

抠取雪花

27 从文件夹中选择"泡泡"图像文件打开，在通道面板中单击"红"通道，并单击"将通道作为选区载入"按钮。

置入雪花

28 使用移动工具将选区内的图像移动到"合成"文档窗口中，并置于"海豚"图层的上方。按下Ctrl+T组合键对图像进行自由变换，调整雪花的大小和位置，并为雪花图层添加图层蒙版，使用黑色画笔在蒙版上擦除多余的部分。

绘制投影

29 在"海豚"图层下方新建一个图层，并设置混合模式为"正片叠底"，选择一个柔边画笔，设置"流量"为10%，使用黑色在图层上绘制足球的投影，并为投影图层添加图层蒙版，使用黑色在蒙版上细化投影的显示范围。

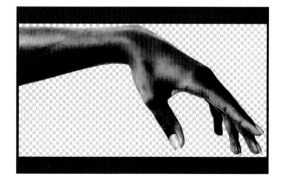

抠取手臂

30 从文件夹中选择"手"图像文件打开，结合使用对象选择工具和快速选择工具抠出"手"图像。

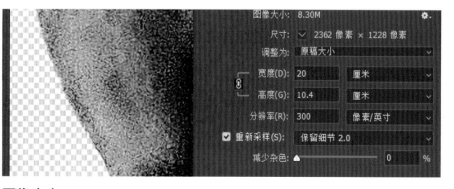

图像大小

31 在菜单栏中执行"图像>图像大小"命令，在打开的"图像大小"对话框中勾选"重新采样"复选框，设置"重新采样"的选项为"保留细节2.0"，设置"减少杂色"为0%，设置"宽度"为20厘米，并单击"确定"按钮。

 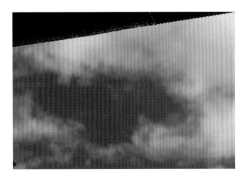 

置入手臂

32 使用移动工具将手臂图像置入到"合成"文档窗口中，按Ctrl+T组合键对图像执行自由变换，调整图像的角度、位置和大小，让手臂的指尖顶住足球。

填充缺失部分

33 使用多边形套索工具大致绘制手臂缺失的部分，在菜单栏中执行"编辑>内容识别填充"命令，在打开的"内容识别填充"区域中单击"确定"按钮，完成缺失部分的填充。

改变光影

34 新建一个图层组，重命名为"手"，将所有和手臂相关的图层收入到组中。为"手"图层组新建一个剪贴蒙版图层，设置混合模式为"柔光"，选择一个柔边画笔，分别使用白色和黑色按照球场的光源修改手臂的光影。

处理水珠

35 从文件夹中选择"水珠"图像文件打开，按Shift+Ctrl+U组合键对图像进行去色。按下Ctrl+L组合键打开"色阶"对话框，使用"在图像中取样以设置白场"工具，在水珠上单击增强白色，然后单击"确定"按钮。

抠取水珠

36 在通道面板中单击"红"通道，并单击"将通道作为选区载入"按钮，使用移动工具将选区内的图像移动到"合成"文档窗口中，并按Ctrl+T组合键对图像执行自由变换，调整图像的位置和大小。

绘制水花

37 新建一个图层，在工具箱中设置前景色为白色，选择画笔工具，在画布上单击鼠标右键，在弹出的面板中选择"Kyle的喷溅画笔-高级喷溅和纹理"画笔，调整笔刷的大小，在画布上多次单击绘制出喷溅的水花效果。

加强光源

38 新建一个图层，并设置混合模式为"柔光"，选择画笔工具，使用白色加强狗周围的光线，并选择一个较深的灰色，加深部分图像的颜色。

置入海鸥

39 从文件夹中选择"海鸥"图像文件打开，结合使用对象选择工具和快速蒙版抠取海鸥图像，使用移动工具将其置入"合成"文档窗口中，重命名为"海鸥"。将其放置在"天空"图层的上方，并按Ctrl+T组合键对图像执行自由变换，调整海鸥的位置和大小。

改变光影关系

40 为"海鸥"图层新建一个剪贴蒙版图层，并设置混合模式为"柔光"。在工具箱中设置前景色为白色、背景色为黑色，选择渐变工具，使用渐变工具按照光源从左到右绘制渐变，改变海鸥图像的光影关系。

亮度/对比度

41 新建一个"亮度/对比度"调整图层，并设置为"海鸥"图层的剪贴蒙版。在"属性"面板中设置"亮度"为90，选择渐变工具，在"亮度/对比度"调整图层的图层蒙版上从左下至右上绘制渐变，控制亮度调整的范围。

置入更多海鸥

42 再次从"海鸥"图像文件中抠取一只海鸥图像置入"合成"文档窗口中，重命名图层为"海鸥2"，并将其放置在所有图层的上方。按Ctrl+T组合键对图像执行自由变换，调整海鸥的大小和位置。

亮度/对比度

43 新建一个"亮度/对比度"调整图层，并设置为"海鸥2"图层的剪贴蒙版。在"属性"面板中设置"亮度"为114、"对比度"为−50，选择渐变工具，在"亮度/对比度"调整图层的图层蒙版上从右下至左上绘制渐变，控制亮度调整的范围。

加强光影

44 为"海鸥2"图层新建一个剪贴蒙版图层，并设置混合模式为"柔光"，使用黑色加强海鸥身上的阴影，并使用白色加强光源。

Camera Raw滤镜

46 按Shift+Ctrl+Alt+E组合键盖印当前图像为新图层，并转换为智能对象。在菜单栏中执行"滤镜>Camera Raw滤镜"，在打开的Camera Raw对话框中设置"色温"为-7、"白色"为-36、"黑色"为+65、"饱和度"为-8。

线性光

45 在所有图层上方新建一个图层，并设置混合模式为"线性光"，从狗身上选择一个较浅的暖色，选择一个柔边画笔，调整画笔的大小为3000、流量为5%，在画布上轻轻涂抹加强光线。

色相调整

47 切换至"HSL调整"选项卡，在打开的区域中单击"色相"选项卡，设置"黄色"为-33、"蓝色"为-5。

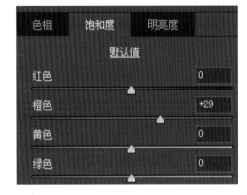

饱和度调整

48 切换至"饱和度"选项卡，设置"橙色"为+29。

明亮度调整

49 切换至"明亮度"选项卡，设置"橙色"为+26、"黄色"为-54、"浅绿色"为+29、"蓝色"为+18，并单击"确定"按钮。

遮盖多余效果

50 选择一个柔边画笔，在滤镜蒙版上使用黑色画笔涂抹球场观众席的部分，遮盖不需要的效果。

高斯模糊

51 按Shift+Ctrl+Alt+E组合键盖印当前图像为新图层，并转换为智能对象。在菜单栏中执行"滤镜>模糊>高斯模糊"命令，在打开的"高斯模糊"对话框中设置"半径"为3.5像素，并单击"确定"按钮。为该图层添加图层蒙版，设置前景色为白色、背景色为黑色，使用渐变工具从左到右绘制渐变，使图像从左到右呈现出从模糊到清晰的效果。

模糊边缘

注意图像的焦距所在，假如人物面部的边缘原本应当是模糊的，那么我们也应该赋予图案同样的模糊。

面部纹理

你需要保留人物面部的纹理，让图像和人物的皮肤结合得更好。

初始图像

使用滤镜
置换脸部的图案

了解如何将图像应用在人的面部，以调剂任何普通的肖像

Photoshop中的"置换"滤镜并不是一种很有名气的滤镜，它的功能也很少被人应用。但这并不能在一定程度上说明它不是一个易于掌握的滤镜，只是因为它被隐藏在众多滤镜之中而难以被人注意。因此，我们有责任对

它进行更好地应用，充分开发它的功能。这就是为什么会制作了这些教程，我们会证明它的应用有多简单，而且能创造出多么有趣的效果。按照本次教程的步骤，使用我们所提供的图像为面部添加图案，或选择你

喜欢的图像进行自己的设计，看看会出现什么样的效果。通过我们的教程，你将会成为置换滤镜的专家！

❝ 这个图像被制作成了所谓的'位移图'。❞

绘制路径

01 从文件夹中选择"人"图像文件打开，并使用钢笔工具沿人物面部的轮廓绘制路径。

智能对象

02 将路径转换为选区，按Ctrl+J组合键复制选区内的图像为新图层，并将图层转换为智能对象，重命名为"置换"。双击"置换"图层的图层缩略图，进入"置换.psb"文档窗口。

去色和色阶

03 按Shift+Ctrl+U组合键对图像进行去色，并按Ctrl+L组合键打开"色阶"对话框，对图像的明暗对比进行调整，使光影对比更加强烈。

另存为

04 在菜单栏中执行"文件>存储为"命令，将文件另存为"置换.psd"，并回到"人"文档窗口。再次将路径转换为选区，并羽化5个像素，选择"背景"图层，按Ctrl+J组合键复制选区内的图像为新图层，重命名为"面具"。

置入"图案"

05 从文件夹中选择"图案"图像文件置入，并调整其位置和大小，将"图案"图层设置为"面具"图层的剪贴蒙版图层。

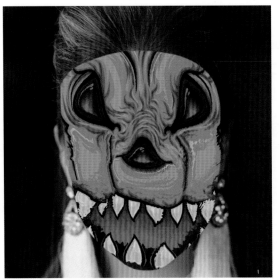

"置换"滤镜

06 在菜单栏中执行"滤镜>扭曲>置换"命令，在弹出的"置换"对话框中设置"水平比例"和"垂直比例"为20，单击"确定"按钮，从弹出的"选取一个置换图"对话框中选择"置换.psd"图像文件，并单击"打开"按钮。

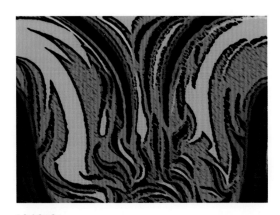

滤镜库

07 在菜单栏中执行"滤镜>滤镜库"命令，在弹出的对话框中选择"艺术效果>涂抹棒"滤镜，设置"描边长度"为5、"强度"为10。

海报边缘

08 单击"新建效果图层"按钮，选择"海报边缘"滤镜，设置"边缘厚度"为10、"边缘强度"为10、"海报化"为6，并单击"确定"按钮。

正片叠底

09 将"置换"图层拖曳到所有图层的上方，并设置为"面具"图层的剪贴蒙版，设置混合模式为"正片叠底"。

高反差保留

10 复制"面具"图层，并拖曳到所有图层的上方，在菜单栏中执行"滤镜>其他>高反差保留"命令，在弹出的"高反差保留"对话框中设置"半径"为0.8像素，单击"确定"按钮，并设置图层的混合模式为"线性光"。

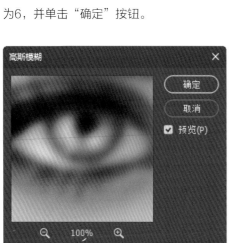

高斯模糊

11 选中"面具"图层，在菜单栏中执行"滤镜>模糊>高斯模糊"命令，在打开的"高斯模糊"对话框中设置"半径"为6像素，并单击"确定"按钮。

擦除边界

12 为"面具"图层添加图层蒙版，选择一个柔边画笔，使用黑色画笔在蒙版上涂抹人物面部边缘，并遮盖人物的双眼和嘴唇。

模糊图案

13 选中"图案"图层，在菜单栏中执行"滤镜>模糊>高斯模糊"命令，在打开的"高斯模糊"对话框中设置"半径"为8.2像素，并单击"确定"按钮。选择一个柔边画笔，使用黑色画笔在滤镜蒙版上涂抹不需要进行模糊的部分。

色彩范围

14 在菜单栏中执行"选择>色彩范围"命令，在弹出的"色彩范围"对话框中设置"颜色容差"为32，单击"添加到取样"按钮，在画布上多次单击选中人物的嘴唇部分，最后单击"确定"按钮。选择"背景"图层，按Ctrl+J组合键复制选区内的图像为新图层。

更改颜色

15 为图层添加图层蒙版，填充颜色为黑色，使用白色涂抹嘴唇所在的部分。新建一个图层，并设置为该图层的剪贴蒙版，设置混合模式为"叠加"，使用颜色#874c07涂抹嘴唇。

色彩平衡

16 在"图层"面板中选中除"背景"图层外的所有图层，按Ctrl+G组合键收入到组中。新建一个"色彩平衡"调整图层，并设置为"组1"图层组的剪贴蒙版，在"属性"面板中设置"色调"为"中间调"，将所有参数设置为+100。

照片滤镜

17 新建一个"照片滤镜"调整图层，并设置为"组1"图层组的剪贴蒙版，在"属性"面板中设置"滤镜"为"冷却滤镜（82）"、"密度"为29%，并勾选"保留明度"复选框。选择一个柔边画笔，使用黑色画笔在"照片滤镜"调整图层的图层蒙版上擦除多余的颜色。

绘制唇线

18 新建一个图层，并设置混合模式为"柔光"，选择一个柔边画笔，设置画笔大小为8像素，使用颜色#bf6e28绘制加强人物的唇线。

还可以怎么做？

使用"置换"滤镜制作纸张和布料的图案

初始图像

"置换"滤镜

02 从文件夹中选择"花"图像文件置入，并调整其位置和大小。在菜单栏中执行"滤镜>扭曲>置换"命令，在弹出的"置换"对话框中设置"水平比例"和"垂直比例"为20，单击"确定"按钮，从弹出的"选取一个置换图"对话框中选择"纸.psd"图像文件，并单击"打开"按钮。

另存为psd格式

01 从文件夹中选择"纸"图像文件打开，并在菜单栏中执行"文件>存储为"命令，将图像另存为"纸.psd"。

线性加深

03 复制"背景"图层，并拖曳到"花"图层上方，设置混合模式为"线性加深"。

曲线调整

04 新建一个"曲线"调整图层，提高图像的亮度，让色彩表现更加鲜艳。

置换布料的图案 结合使用"透视变形"功能为布料添加图案

色阶调整

01 从文件夹中选择"布料"图像文件打开，按Ctrl+J组合键复制"背景"图层，按Shift+Ctrl+U组合键对图像进行去色。按Ctrl+L组合键打开"色阶"对话框，对图像的对比度进行调整，然后在菜单栏中执行"文件>存储为"命令，将图像另存为"布料.psd"图像文件。

置入素材

02 从文件夹中选择"背景"图像文件置入，并调整其位置和大小。按Ctrl+J组合键复制一层，将两个图层上的图案进行拼接，并将拼接完成后的两个图层转换为智能对象，重命名为"图案。"

透视变形

使用"透视变形"功能让图案以符合透视的状态依附在布料上。在对图像进行透视变形的时候，注意调整不透明度来观察透视的状态。

溢出图像

让图像稍稍溢出图像的边界，然后使用蒙版擦除多余的部分，这会让你的图像和布料结合得更加完整。

创建版面

03 设置图层的"不透明度"为50%。在菜单栏中执行"编辑>透视变形"命令，拖曳鼠标左键，根据所需在画布上绘制两个版面，并让其边界相接。

变形

04 拖曳图像上的锚点，根据布匹的形状对图像进行变形，注意让图案略微溢出布料。变形完成后按Enter键进行确定，并将图层的"不透明度"设置为100%。

置换

05 在菜单栏中执行"滤镜>扭曲>置换"命令，在弹出的"置换"对话框中设置"水平比例"和"垂直比例"为10，单击"确定"按钮，从弹出的"选取一个置换图"对话框中选择"布料.psd"图像文件，并单击"打开"按钮。

变暗

06 选中"背景"图层，按Ctrl+J组合键复制一层，并拖曳到所有图层的上方，设置混合模式为"变暗"。为"图案"图层添加图层蒙版，选择画笔工具，设置"硬度"为60%，使用黑色画笔在蒙版上擦除溢出布料的多余部分。

点石成金

✦ 提取阴影

当你需要将图像原本的纹理叠加在后增加的图案上时，为图像选择合适的混合模式总是重要的。不同明暗的图像适合不同的混合模式，有时你还需要对图像进行去色以让色彩混合得更加恰当。

事实上，你完全可以使用另外一种方法来为图像添加纹理。在"图层"面板中选择"背景"图层，取消其他图层的可见性。打开"通道"面板，从中选取一个光影对比最为明显的通道，单击"将通道作为选区载入"按钮。在菜单栏中执行"选择>反选"命令，然后按Ctrl+C组合键复制选区内的图像。在所有图层上方新建一个图层，按Ctrl+V组合键粘贴图像，将图层设置为"图案"图层的剪贴蒙版，并设置混合模式为"正片叠底"。你将会收获一个不影响图案色彩、并额外增加了纹理的图像。

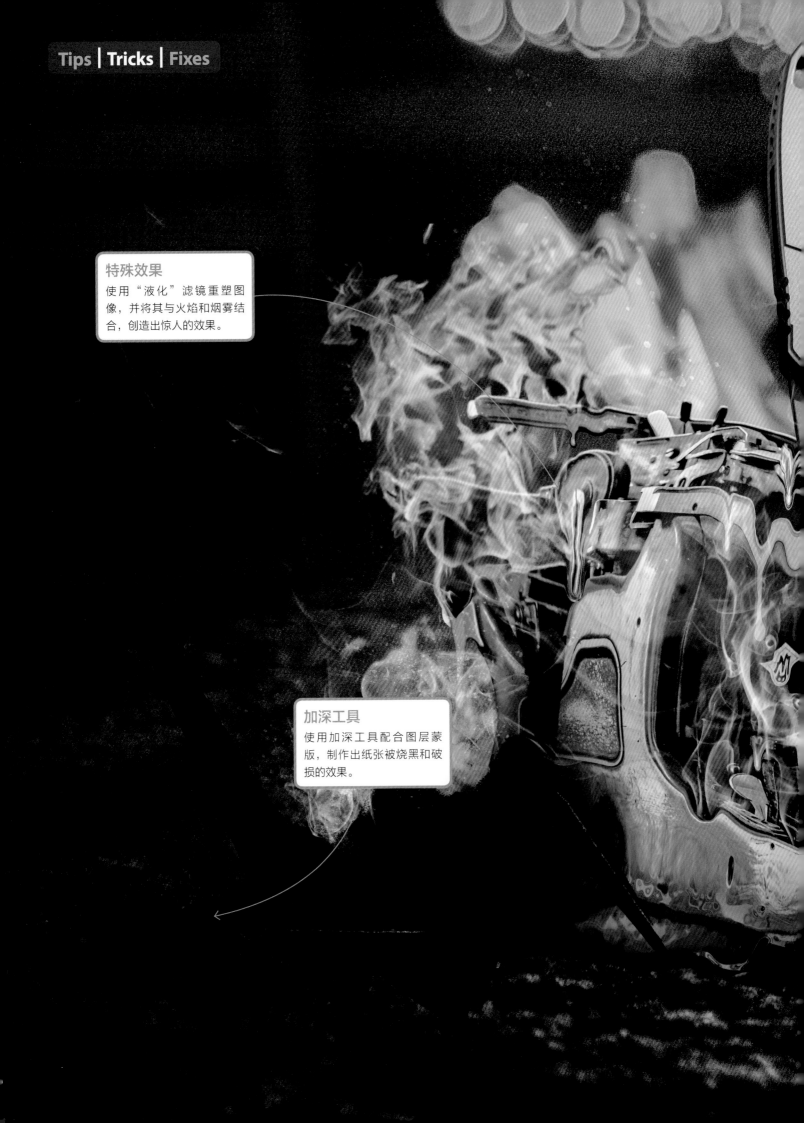

特殊效果

使用"液化"滤镜重塑图像，并将其与火焰和烟雾结合，创造出惊人的效果。

加深工具

使用加深工具配合图层蒙版，制作出纸张被烧黑和破损的效果。

飞溅的火花
结合使用图层的混合模式和
笔刷，绘制出随火焰四处飞
溅的火花。

初始图像

创造一种融化的效果

掌握并使用"液化"滤镜创造惊人的特殊效果

我们需要学习如何在Photoshop中使用滤镜创造惊人的融化效果。在本次案例中，我们将介绍的一个主要的工具是"液化"滤镜，这个滤镜能够让你创造出与众不同的艺术效果，用不同的方式润饰或扭曲你的图像。

在菜单栏中执行"滤镜>液化"命令，将会打开"液化"对话框，在这个对话框的左侧有一些工具可以用来创建各种效果，比如说，你可以使用膨胀工具膨胀或放大某些区域，也可以使用褶皱工具来压缩图像。你还可以更改画笔的大小和压力的控制等，以便于更好地处理图像。

任何希望自己的图像合成技巧得到提升的人都有必要掌握"液化"滤镜，通过对本次案例的学习，你可以准确地理解这个滤镜是如何工作的，并将更加胸有成竹地在自己的项目中使用它。

> ❝ 掌握'液化'滤镜对任何想要提高合成技术的人来说都是至关重要的。❞

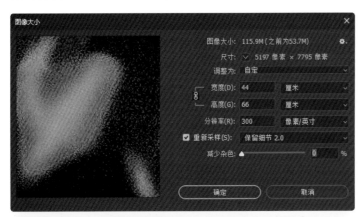

处理背景

01 从文件夹中选择"篝火"图像文件打开，并在菜单栏中执行"图像>图像大小"命令，在弹出的"图像大小"对话框中取消对"重新采样"复选框的勾选，设置"分辨率"为300像素/英寸，然后重新勾选"重新采样"复选框，设置其选项为"保留细节2.0"、"减少杂色"为0%，并设置"宽度"为44厘米，单击"确定"按钮。

新建文档并置入背景

02 新建一个"宽度"为44厘米、"高度"为30厘米、"分辨率"为300像素/英寸、"颜色模式"为"RGB颜色"的文档，并命名为"合成"。置入修改过的"篝火"图像，并调整其位置和大小。

绘制路径

03 从文件夹中选择"打字机"图像文件打开，并在工具箱中选择钢笔工具，沿打字机的轮廓绘制闭合的路径。

Camera Raw滤镜

05 在菜单栏中执行"滤镜>Camera Raw滤镜"命令，在弹出的Camera Raw对话框中设置"色温"为+28、"色调"为−13、"高光"为−100、"白色"为−55、"黑色"为−63、"纹理"为+14、"清晰度"为+75、"自然饱和度"为−15、"饱和度"为−7。切换至"色调曲线"选项卡，在打开的区域中设置"亮调"为−51、"阴影"为−57，并单击"确定"按钮。

置入并变形

04 将路径转换为选区，使用移动工具将选区内的图像移动到"合成"文档窗口中，并按Ctrl+T组合键对图像执行自由变换，对图像进行一定程度的变形。

"液化"滤镜

06 重命名图层为"打字机"，并将其转换为智能对象。在菜单栏中执行"滤镜>液化"命令，在弹出的"液化"对话框中选择向前变形工具，任意变换画笔工具的大小，对图像进行初始变形，并使用膨胀工具和褶皱工具让打字机的形状扭曲得更加夸张。

制造融化的液滴

07 调整向前变形工具的大小，制作熔化的金属液滴，改变物体原有的形状，让熔化的液体从原本的结构上塌陷滴落下来，制作出逼真的水滴感。注意为一些小的零件，例如键盘的按键制作熔化的液体，并单击"确定"按钮。

斜面和浮雕

08 双击"打字机"图层，在弹出的"图层样式"对话框中勾选"斜面和浮雕"复选框，设置"样式"为"内斜面"、"方法"为"平滑"、"方向"为"上"、"大小"为8像素、"软化"为"0"像素、"角度"为90度、"高度"为30度，并适当调整"高光模式"和"阴影模式"的"不透明度"，单击"确定"按钮。

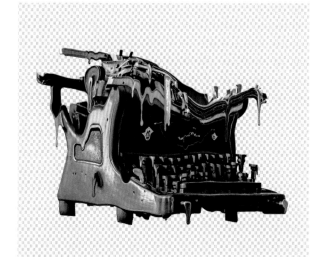

擦除多余图像

09 为"打字机"图层新建图层蒙版，选择一个柔边画笔，使用画笔在画布上擦除多余的部分。

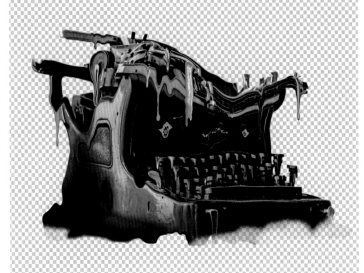

继续液化

10 再次将"打字机"图层转换为智能对象,并在菜单栏中执行
"滤镜>液化"命令,在弹出的"液化"对话框中选择向前变
形工具,适当调大画笔的大小,对图像进行进一步的液化扭曲,让更
多液体从打字机上流下来,并汇聚成一滩。在进行这一步的时候,
你需要注意让流下的液体尽可能符合透视,以便于下一步的操作。

加深图像

11 新建一个图层,并将其设置为"打字机"图层的剪贴蒙版,
设置混合模式为"正片叠底",在工具箱中选择画笔工具,
设置"硬度"为0%、"流量"为10%,使用黑色画笔涂抹图像上需
要加深的部分,并使用白色轻轻涂抹制造光晕。

制作反光

12 继续为"打字机"图层新建一个剪贴
蒙版图层,并设置混合模式为"颜色
减淡",设置"不透明度"为71%,在属性
栏中设置画笔的"流量"为5%,并设置"硬
度"为80%,适当调整画笔的大小,在画
布上绘制加强金属的反光。

复制图像

13 再次将"打字机"图层转换为智能
对象,使用套索工具在画布上沿打
字机融化的部分创建选区,并按Ctrl+J组
合键复制选区内的图像为新图层,重命名
为"融化"。

铬黄渐变

14 将"融化"图层转换为智能对象,
在菜单栏中执行"滤镜>素描>铬黄
渐变"命令,在弹出的对话框中设置"细
节"为1、"平滑度"为10,并单击"确
定"按钮。

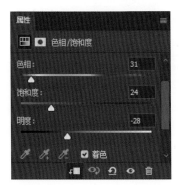

重新着色

15 新建"色相/饱和度"调整
图层,并设置为"融化"
图层的剪贴蒙版。在"属性"面
板中勾选"着色"复选框,设置
"色相"为31、"饱和度"为24、
"明度"为-28。

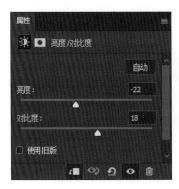

亮度/对比度

16 新建"亮度/对比度"调整
图层,并设置为"融化"
图层的剪贴蒙版,在"属性"面
板中设置"亮度"为-22、"对比
度"为18。

置入匕首

18 将路径转换为选区，使用移动工具将选区内的图像移动到"合成"文档窗口中，将图层转换为智能对象，并重命名为"刀"，按Ctrl+T组合键对图像执行自由变换，调整匕首的位置和大小。

抠取匕首

17 从文件夹中选择"刀"图像文件打开，并使用钢笔工具沿匕首的轮廓绘制路径。

擦除多余图像

19 为"刀"图层添加图层蒙版，按住Ctrl键单击"打字机"图层的图层缩略图，并选中"刀"图层的图层蒙版，将选区填充为黑色。在工具箱中设置前景色为白色，选择一个硬边画笔，涂抹修改需要显示的部分。

调整阴影色相

20 在"通道"面板中单击"红"图层，并单击"将通道作为选区载入"按钮。新建一个"色相/饱和度"调整图层，并设置为"刀"图层的剪贴蒙版，在"属性"面板中设置"色相"为+180、"饱和度"为-45。

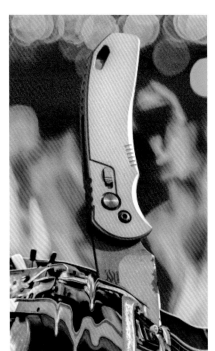

色彩平衡

21 新建一个"色彩平衡"调整图层，并设置为"刀"图层的剪贴蒙版。在"属性"面板中勾选"保留明度"复选框，设置"色调"为"中间调"，在打开的区域中设置"青色-红色"为+100、"洋红-绿色"为-11、"黄色-蓝色"为-59。然后设置"色调"为"阴影"，在打开的区域中设置"洋红-绿色"为+49、"黄色-蓝色"为+12。

调整色阶

22 从文件夹中选择"纸鹤1"图像文件打开，在"通道"面板中单击"蓝"通道，按Ctrl+L组合键，在弹出的"色阶"对话框中加深纸鹤的黑白对比。

置入纸鹤

23 在"属性"面板中单击"选择主体"按钮,使用移动工具将选区内的图像移动到"合成"文档窗口中,将图层转换为智能对象,重命名图层为"纸鹤1",并按Ctrl+T组合键对图像执行自由变换,调整图像的位置和大小。

更多纸鹤

24 从文件夹中选择"纸鹤2"图像文件打开,使用同样的方法抠取"纸鹤2"中的纸鹤图像,并置入"合成"文档窗口中,调整其位置和大小,重命名图层为"纸鹤2"。为"纸鹤2"图层添加图层蒙版,按住Ctrl键单击"打字机"图层的图层缩略图,并在"纸鹤2"图层的图层蒙版上将选区填充为黑色。

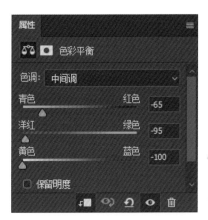

调整颜色

25 新建一个图层组,将"纸鹤1"图层和"纸鹤2"图层收入到组中。新建一个"色彩平衡"调整图层并设置为图层组的剪贴蒙版,在"属性"面板中设置"青色-红色"为-65、"洋红-绿色"为-95、"黄色-蓝色"为-100。

亮度/对比度

26 新建一个"亮度/对比度"调整图层并设置为图层组的剪贴蒙版,在"属性"面板中设置"亮度"为-76、"对比度"为41。

制作烧焦效果

27 合并图层组和其调整图层,并将合并后的图层重命名为"纸鹤"。在工具箱中选择加深工具,在属性栏中设置"范围"为"阴影"、"曝光度"为55%,调整笔刷大小,并设置"硬度"为30%,涂抹纸鹤身上需要制作烧焦效果的地方。

擦除多余图像

28 为"纸鹤"图层添加图层蒙版,在工具箱中选择画笔工具,设置笔刷为"Kyle的终极粉彩派对",调整笔刷的大小,使用黑色在蒙版上擦除多余的图像,让被烧焦的部分呈现出不规则的形状。

修改火坑

29 在"打字机"图层下方新建一个图层,使用套索工具沿火坑的边缘绘制选区,注意避开火坑外的石头,并填充选区为黑色。

选择并复制图像

30 在"图层"面板中选中"篝火"图层，使用多边形套索工具在图像的左侧绘制选区，选中一部分地面，并按Ctrl+J组合键复制选区内的图像为图层，将图层移动到"融化"图层的上方，并设置为"融化"图层的剪贴蒙版。

调整图像大小

31 按Ctrl+T组合键对图像执行自由变换，调整图像的位置和大小，使火坑内的颜色与外部一致。

亮度/对比度

32 新建一个"亮度/对比度"调整图层，并设置为"融化"图层的剪贴蒙版，在"属性"面板中设置"亮度"为-9、"对比度"为100。

擦除多余图像

33 为"融化"图层添加图层蒙版，选择一个柔边画笔，使用黑色画笔在蒙版上擦除多余的部分，使图像的过度均匀柔和。

置入火焰

34 从文件夹中选择"火1"图像文件置入，并调整其位置和大小。将"火1"图层置于所有图层的上方，设置混合模式为"滤色"。

擦除多余图像

35 为"火1"图层添加图层蒙版，按住Ctrl键单击"打字机"图层的图层缩略图，选中"火1"图层的图层蒙版，填充选区为黑色。在工具箱中设置前景色为黑色，选择一个柔边画笔，在图层蒙版上继续涂抹修改火焰的边缘，擦除多余的图像。

复制图层

36 按Ctrl+J组合键复制"火1"图层，并设置"火1拷贝"图层的混合模式为"强光"，灵活变换画笔的大小，使用黑色在蒙版上进一步修改图像的显示范围，只保留"火1拷贝"图层上的图像与"篝火"图像上的火焰重合的部分。

继续置入火焰

37 从文件夹中选择"火2"图像文件置入，并调整其位置和大小。设置"火2"图层的混合模式为"滤色"，并添加图层蒙版，使用黑色画笔在蒙版上擦除图像上多余的部分。

置入更多火焰

38 从文件夹中选择"火3"图像文件置入，并调整其位置和大小，同样设置混合模式为"滤色"，并添加图层蒙版，使用黑色画笔在蒙版上擦除图像上多余的部分。

置入更多火焰

39 使用同样的方法置入并修改"火4"图像，注意让火苗从键盘的缝隙间蹿出。你需要让所有的火苗看起来都是从键盘中燃烧起来的，在蒙版上细致地调整图像的显示范围。

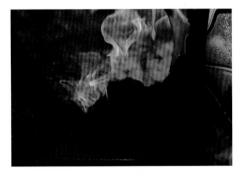 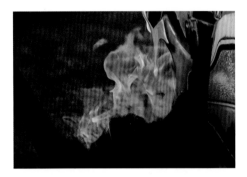 

复制火焰

40 按Ctrl+J组合键复制"火4"图层，并调整"火4 拷贝"图层的位置和大小，使其置于纸鹤被烧焦的边缘，注意在蒙版上修改火焰的显示范围。

继续复制火焰

41 再次按Ctrl+J组合键复制"火4 拷贝"图层，并调整"火4 拷贝2"图层的位置和大小，让它从纸鹤的另一边燃烧起来。

置入火焰

42 在"图层"面板中选中"篝火"图层，从文件夹中选择"火焰5"图像文件置入，并调整其位置和大小，设置混合模式为"滤色"，并两次按Ctrl+J组合键复制"火5"图层。

绘制喷溅的火花

43 在所有图层上方新建一个图层，并命名为"喷溅"，设置混合模式为"强光"。在工具箱中设置前景色为#d4471c，选择画笔工具，设置笔刷为"Kyle的喷溅画笔-喷溅Bot倾斜"，调整画笔的大小，在画布上多次单击，沿火焰周边绘制喷溅的火花。

抠取烟雾

44 从文件夹中选择"烟1"图像文件打开，按Shift+Ctrl+U组合键对图像进行去色，在"通道"面板中单击"红"通道，并单击"将通道作为选区载入"按钮。

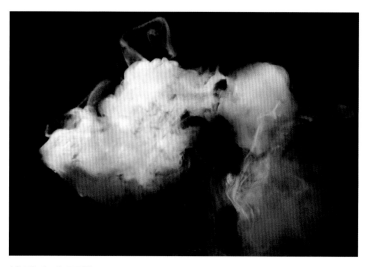

擦除多余图像

45 按Ctrl+C组合键复制选区内的图像，在"图层"面板中新建一个图层，按Ctrl+V组合键粘贴所复制的图像。在工具箱中选择橡皮擦工具，设置"硬度"为0%，灵活变化笔刷的大小，擦除图像上多余的部分。

置入烟雾

46 使用移动工具将所抠出的烟雾移动到"合成"文档窗口中，并将图层转换为智能对象，设置混合模式为"强光"。按Ctrl+T组合键对图像执行自由变换，调整其大小和位置，然后使用图层蒙版遮盖图像上多余的部分。

色相/饱和度

49 在所有图层上方新建一个"色相/饱和度"调整图层，在"属性"面板中设置"色相"为+2、"饱和度"为-29，填充调整图层的图层蒙版为黑色，选择一个柔边画笔，使用白色画笔涂抹需要改变颜色的部分。

置入更多烟雾

47 使用同样的方法抠取并置入"烟2"和"烟3"中的烟雾，并调整其大小和位置，同样使用蒙版擦除图像上多余的部分。

复制烟雾

48 复制其中的一些烟雾，调整它们的位置和大小，并在图层蒙版上调整它们的显示范围，让烟雾表现得尽可能自然。

整体修饰

50 按Shift+Ctrl+Alt+E组合键盖印当前图像为新图层，使用模糊工具模糊火坑的边界和处在后方的火焰。

Camera Raw滤镜

51 在菜单栏中执行"滤镜>Camera Raw滤镜"命令，在弹出的Camera Raw对话框中设置"色温"为-13、"色调"为-7、"阴影"为-25、"黑色"为-7、"纹理"为+17，切换至"色调曲线"选项卡，在打开的区域中设置"暗调"为+31、"阴影"为-28，并单击"确定"按钮。

超现实
蒸汽朋克
未来城市

用一些最简单的元素制造出
超现实的科幻未来场景

初始图像

你可以用数百种方法微妙地调整所拍摄的城市风景，如应用快速调整命令、改变图像的颜色或调整照片的亮度，但你也完全可以让图像看起来更有创意。没有什么是制作一个超现实的科幻未来城市更有创意的了，而且制作起来也非常简单。

你需要准备一些图片置入图像中，比如钟表和星球。钟表是蒸汽朋克图像中的重要元素，而星球可以让图像更具备科幻未来的感觉。你可以准备一些有关月亮、土星或其他星球的摄影图片，这些图片在进行图像融合时往往会独具优势，因为它们的背景常常是黑色的，你可以简单地将混合模式设置为"滤色"或"线性减淡"就能让它融合到我们的背景中。

在对图像进行融合的时候，你还需要注意图像的远近关系和光线的来源，适当地模糊和加深远处的景物而提亮眼前的景物，你可以重新规划画面的重点，将观众的注意力吸引到正确的位置。通过本次教程和实践，你会发现图像的创作余地是无限的，尽情地挥洒你的想象力吧！

让船穿行在云中
将一层云彩置于船图层的下方，而另一层云彩置于船图层的上方，可以制造出让船穿行在云中的效果。

❝ **你会发现天空完美地容纳了一切超现实的元素。** ❞

置入城市背景

01 新建一个"宽度"为44厘米、"高度"为30厘米、"分辨率"为300像素/英寸的文档,并命名为"合成"。从文件夹中选择"城市"图像文件置入,并调整其位置和大小。

复制城市背景

02 按Ctrl+J组合键复制"城市"图层,设置混合模式为"强光",并为"城市 拷贝"图层添加图层蒙版,选择一个柔边画笔,调低画笔的"流量"和"不透明度",使用黑色画笔在蒙版上擦除多余的部分,增强地平线上方的云层。

置入星空背景

03 从文件夹中选择"星"图像文件置入,并调整其位置和大小,设置图层的混合模式为"柔光"。

擦除多余图像

04 为"星"图层添加图层蒙版,设置画笔的"硬度"为40%,使用黑色画笔在蒙版上擦除多余的部分。

调整颜色

05 添加"色彩平衡"调整图层,并设置为"星"图层的剪贴蒙版,在"属性"面板中设置"青色-红色"为-42。

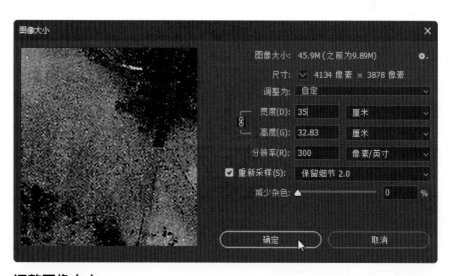

抠取钟表图像

06 从文件夹中选择"蒸汽朋克"图像文件打开,结合使用对象选择工具和快速选择工具抠出钟表主体。

调整图像大小

07 在菜单栏中执行"图像>图像大小"命令,在弹出的"图像大小"对话框中设置"宽度"为35厘米,勾选"重新采样"复选框,设置"重新采样"的选项为"保留细节2.0",并设置"减少杂色"为0%。

置入钟表

08 使用移动工具将所抠出的钟表图像拖曳至"合成"文档窗口中，并调整其位置和大小。

置入齿轮

09 从文件夹中选择"齿轮"图像文件置入，并调整其位置和大小。

复制

10 按Ctrl+C组合键复制图层，按Ctrl+T组合键对图像执行自由变换，调整位置和大小。

擦除多余图像

11 在"图层"面板中选中钟表图层和两个齿轮图层，按Ctrl+G组合键将图层收入到组中，为图层组添加图层蒙版，调低画笔的"流量"和"硬度"，使用黑色画笔在蒙版上擦除多余的图像。

高斯模糊

12 将图层组转换为智能对象，在菜单栏中执行"滤镜>模糊>高斯模糊"命令，在打开的"高斯模糊"对话框中设置"半径"为6.6像素，并单击"确定"按钮。

显露云层

13 为图层添加图层蒙版，调整画笔的"硬度"，使用黑色画笔在蒙版上擦除多余的部分，让云层更加明显。

复制图层

14 按Ctrl+J组合键复制图层，并清除图层的滤镜效果，设置画笔的"不透明度"为10%，在图层蒙版上使用黑色画笔擦除钟表的下半部分。

叠加图案

15 从文件夹中选择"光"图像文件置入，并调整其位置和大小，设置图层的混合模式为"浅色"。

擦除多余部分

16 为"光"图层添加图层蒙版,使用黑色画笔在蒙版上擦除多余的部分,只保留图案和钟表重合的部分。

复制图案

17 按Ctrl+J组合键复制"光"图层,并按Ctrl+T组合键调整图像的位置和大小,在蒙版上擦除多余的图像。

亮度/对比度

18 新建"亮度/对比度"调整图层,在"属性"面板中设置"亮度"为-38,并使用黑色画笔在图层蒙版上擦除钟表所在的部分和一部分天空。

加深图像颜色

19 在"图层"面板中新建一个图层,并设置混合模式为"柔光",设置画笔的"硬度"为0%、"流量"为15%,使用黑色画笔轻轻涂抹城市的下半部分,略微加深一点颜色。

置入地平线图像

20 从文件夹中选择"地平线"图像文件置入,设置"地平线"图层的混合模式为"浅色",并调整其位置和大小,使发光的弧线与图像原本的地平线大致吻合。

擦除多余图像

21 为"地平线"图层添加图层蒙版,设置画笔的"硬度"为50%,使用黑色画笔在蒙版上擦除多余的图像。

改变颜色

22 为"地平线"图层新建一个剪贴蒙版图层,设置混合模式为"颜色",降低画笔的"流量",使用黑色画笔涂抹发光的地平线,降低图像的饱和度。

置入行星

23 从文件夹中选择"行星"图像文件置入,并调整其位置和大小。设置"行星"图层的混合模式为"变亮",并为其添加图层蒙版,使用黑色画笔擦除图像上多余的部分。

调整颜色

24 添加"黑白"调整图层,并设置为"行星"图层的剪贴蒙版,在"属性"面板中设置"红色"为6、"黄色"为34、"绿色"为21、"青色"为72、"蓝色"为106、"洋红"为56。

置入飞艇
25 从文件夹中选择"飞艇"图像文件置入，并调整其位置和大小。在菜单栏中执行"滤镜>模糊>高斯模糊"命令，在打开的"高斯模糊"对话框中设置"半径"为1像素，并单击"确定"按钮。

复制飞艇
26 按Ctrl+J组合键复制"飞艇"图层，并按Ctrl+T组合键调整图像的位置和大小。双击"飞艇 拷贝"图层下方的"高斯模糊"滤镜，在弹出的"高斯模糊"对话框中设置"半径"为1.6像素，并单击"确定"按钮。

调整颜色
27 新建一个图层组，将两个飞艇图层收入到组中，添加"色彩平衡"调整图层，并设置为组的剪贴蒙版。在"属性"面板中设置"青色-红色"为-20、"黄色-蓝色"为+60。

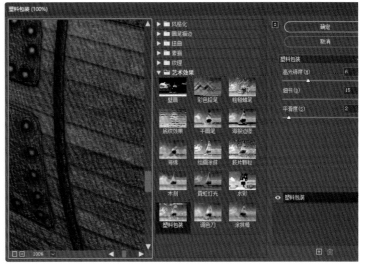

置入帆船
28 从文件夹中选择"船"图像文件置入，并调整其位置和大小。

滤镜调整
29 在菜单栏中执行"滤镜>滤镜库"命令，在打开的对话框中选择"艺术效果>塑料包装"滤镜，设置"高光强度"为6、"细节"为15、"平滑度"为2，并单击"确定"按钮。

调整颜色
30 新建"色彩平衡"调整图层，并设置为"船"图层的剪贴蒙版，在"属性"面板中设置"青色-红色"为-30。

曲线调整
31 新建"曲线"调整图层，并设置为"船"图层的剪贴蒙版，在"属性"面板中单击添加两个编辑点，设置第一个点的"输入"为75、"输出"为36，设置第二个点的"输入"为144、"输出"为140。选择一个柔边画笔，使用黑色画笔在调整图层的蒙版上擦除船帆的部分。

加深船体颜色

32 为"船"图层新建一个剪贴蒙版图层，设置混合模式为"柔光"，设置画笔的"硬度"为60%，使用黑色画笔涂抹船身部分，并空出左上角。

抠出人物

33 从文件夹中选择"人"图像文件打开，使用对象选择工具和快速选择工具为人物主体创建选区。

选择并遮住

34 在属性栏中单击"选择并遮住"按钮，在打开的区域中使用"调整边缘画笔工具"涂抹人物的头发边缘，并单击"确定"按钮。

擦除多余图像

35 使用移动工具将所抠出的图像移动到"合成"文档窗口中，并按Ctrl+T组合键调整人物的大小和位置。选择一个硬边画笔，在图层蒙版上使用黑色画笔擦除多余的部分。

制作披风投影

36 为"船"图层新建一个剪贴蒙版图层，设置画笔的"硬度"为0%，使用黑色画笔在船帆上绘制人物披风的投影，并设置图层的混合模式为"正片叠底"、"不透明度"为65%。

调整人物颜色

37 为人物图像所在的图层新建一个"色彩平衡"调整图层，并设置为人物图层的剪贴蒙版，在"属性"面板中设置"青色-红色"为-54、"洋红-绿色"为-24、"黄色-蓝色"为-23。

亮度/对比度

38 新建一个"亮度/对比度"调整图层，并设置为人物图层的剪贴蒙版，在"属性"面板中设置"亮度"为-25。

加深颜色

39 在"图层"面板中新建一个图层，并设置为人物图层的剪贴蒙版，设置混合模式为"柔光"，选择一个柔边画笔，使用黑色画笔涂抹人物的披风和双腿。

载入选区

40 从文件夹中选择"云2"图像文件打开，在"通道"面板中单击"红"通道，并单击"将通道作为选区载入"按钮，按Ctrl+C组合键复制选区内的图像。

置入云彩

41 回到"合成"文档窗口，在"图层"面板中新建一个图层，并拖曳至"船"图层下方，按Ctrl+V组合键粘贴选区内的图像，并按Ctrl+T组合键调整图像的位置和大小。在工具箱中选择橡皮擦工具，设置橡皮擦的"硬度"为0%，擦除图像上多余的部分。

再次置入云彩

42 在所有图层上方新建一个图层，再次按Ctrl+V组合键粘贴图像，并按Ctrl+T组合键调整图像的位置和大小，使用橡皮擦工具擦除图像上多余的部分。

更多云彩

43 从文件夹中选择"云3"图像文件打开，使用同样的方法抠出云层。并在"船"图层下方新建一个图层，按Ctrl+V组合键粘贴图像，按Ctrl+T组合键调整图像的位置和大小，并使用橡皮擦工具擦除多余的部分。

置入月亮

44 从文件夹中选择"月亮"图像文件置入，并调整其位置和大小。设置图层的混合模式为"滤色"，让其置于所有图层上方。

置入云层

45 从文件夹中选择"云1"图像文件置入，并调整其位置和大小。双击"云1"图层，在弹出的"图层样式"对话框的"混合选项"选项卡中的右侧区域中找到"混合颜色带"，按住Alt键分别单击"下一图层"下方色条左、右两侧的滑块，拖曳被分开的滑块，调整参数为30/209和133/255。为"云1"图层添加图层蒙版，在工具箱中选择画笔工具，设置画笔的硬度为60%，灵活变化画笔大小，使用黑色画笔在蒙版上擦除天空下方的部分和与船帆重叠的部分。

置入钟表

46 从文件夹中选择"钟表"图像文件置入，调整其位置和大小，并将图像略微倾斜一定的角度。

调整颜色

47 新建一个"色彩平衡"调整图层，并设置为"钟表"图层的剪贴蒙版，在"属性"面板中设置"青色-红色"为-20、"黄色-蓝色"为+33。

加深图像

48 新建一个图层，设置混合模式为"柔光"，并设置为"钟表"图层的剪贴蒙版，使用黑色画笔轻轻涂抹钟表的左下半部分。

整体调整

49 按Shift+Ctrl+Alt+E组合键将当前图像盖印为新图层。在菜单栏中执行"滤镜>Camera Raw滤镜"命令，在打开的Camera Raw对话框中设置"对比度"为+2、"白色"为+39、"黑色"为-46、"自然饱和度"为-18、"饱和度"为+20，并单击"确定"按钮。

涂抹颜色

50 在"图层"面板中新建一个图层，选择一个柔边画笔，使用黑色画笔涂抹需要加深的部分，使用白色画笔涂抹需要提亮的部分，并使用橡皮擦工具擦除多余的颜色。

设置混合模式

51 将图层的混合模式设置为"柔光"，并设置"不透明度"为45%，继续使用黑色画笔加深图像的暗部、使用白色画笔提亮图像的亮部，直到效果达到最佳。

修饰
任何图像

你需要学习的20个实用技巧

存不存在一张完美的照片？也许有，也许没有。有些人认为追求完美是一种无聊，但如果你希望自己的照片能得到提升，那么可以有很多方法用于修复照片，让它们变得更加有趣、完成度也更高。

我们有了大量的可以用于拍摄的设备和工具，却发现自己拥有的照片质量大都参差不齐。许多照片是用手机直接进行拍摄的，这些设备的拍摄质量无法与昂贵的高端相机相比。不过，调整图层可以帮助照片提高到相同的层次，"色阶"和"曲线"会有助于色调的调整，而诸如"色相/饱和度"和

"色彩平衡"之类的命令可以让照片更好地着色。

使用Photoshop的修饰工具，如仿制图章工具和污点修复画笔工具等，可以有效地减少或消除皮肤、汽车外表或景物上的瑕疵。有时使用软边和低透明度的画笔也可以做到这一点。和其他任何工具一样，你需要熟悉掌握所有可用的工具，以便在真正运用的时候明白应该怎样组合使用。

无论你需要怎样编辑图像，从我们所给的文件中获得初始图像，然后在接下来的几个页面中继续进行Photoshop图像修饰的试验。

你会学习到的技巧……

修饰技巧

去除瑕疵，改善您的肖像，增强图像的质感及更多。

修复技巧

掌握修复画笔工具、污点修复画笔工具和其他基本图像修复工具。

调整色调

修补曝光问题，调整色彩和色调，或调整图像为单色图像。

添加模糊

创建景深效果，在背景上添加一些逼真的模糊效果。

锐化照片

改变恼人的镜头模糊，使晃动的图像更加清晰明确。

驯服乱飞的头发

01 有几种方法可以用来驯服乱飞的头发。在这里，我们使用仿制图章工具来"绘制"背景的部分。根据具体需要在属性栏中调整"大小"、"硬度"、"不透明度"等设置，有时也会使用常规的画笔工具或"液化"滤镜来完成这一步骤。

强调眼睛

02 一双灵动的眼睛可以更好地吸引观众的视线。使用"色阶"命令调整图像，使图像变亮，然后为图层添加图层蒙版，填充蒙版的颜色为黑色，使用白色画笔来涂抹眼睛的部分。添加颜色填充图层，设置混合模式为"叠加"，并让其作用在眼睛部位，混合眼睛的颜色。

修复皮肤

03 有许多工具可以用来修复皮肤。我们可以将当前图像盖印为一个新的图层，然后使用"高斯模糊"滤镜对图像进行一定的模糊。回到上一步，使用历史记录画笔工具来消除脸上的斑点和瑕疵，或者直接使用污点修复画笔工具和仿制图章工具来修改瑕疵。

减淡牙齿的颜色

04 使用选区工具选择牙齿部分，对选取进行1-2像素的羽化，然后按Ctrl+J组合键复制选区内的图像为新图层，使用"色相/饱和度"命令降低牙齿的饱和度、提高牙齿的亮度，然后降低该图层的不透明度，使用图层蒙版进一步修改图像的范围。

智能锐化

05 "智能锐化"滤镜有助于使头发或更细小的物体脱颖而出。设置"数量"为250%~300%、"半径"为0.3像素，在"智能锐化"对话框中调整滑块，根据实际情况调节锐化的参数。

初始图像

高反差保留

07 复制背景图层，将混合模式更改为"强光"，然后在菜单栏中执行"滤镜>其他>高反差保留"命令。可以降低图层的不透明度，以控制使用"高反差保留"滤镜所造成的锐化效果。

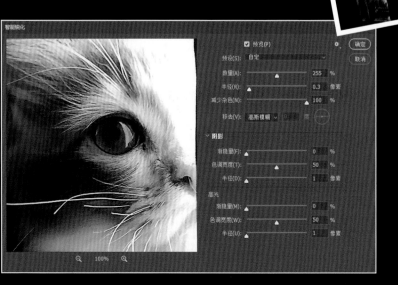

初始图像

减少杂色

06 如果锐化的程度太高，你会注意到图像上出现了噪点。在"智能滤镜"对话框中拖曳"减少杂色"下方的滑块，可以有效减少杂色的数量，让图像不至于失真。

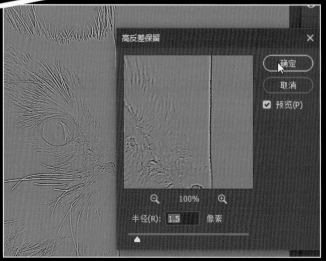

仿制图章工具

08 仿制图章工具允许你指定图像上的某一区域为画笔的仿制来源。选择仿制图章工具后，你需要对画笔的设置进行适当调整，并且创建一个新的图层用于工作。按住Alt键单击对所需仿制的部分进行取样，然后轻轻在需要遮盖的部分进行涂抹，消除图像上的污点。

修补工具

09 修补工具可以使用一个区域中的像素对另一个区域进行修补，并匹配其纹理和阴影。在工具箱中选择修补工具，在属性栏中单击"源"按钮，在画布上选择一个区域，然后将选区内的图像移动到适当的部分，对图像上的其他部分进行修补。

对所有图层取样

通过在属性栏中将污点修复画笔工具的取样设置为"对所有图层取样"，可以保留原始图层的完整性，而在新建的图层上对图像进行修改。

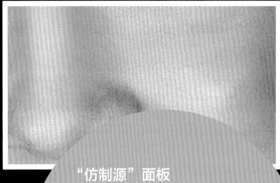

"仿制源"面板

10 发现自己在一遍又一遍地重复同样的工作？在"仿制源"面板中，你可以储存多达5个仿制源用于配合仿制图章工具使用。单击"仿制源"按钮，在画布上按住Alt键单击以选择源点并存储，这样在需要使用某一个源的数据时，只需要单击相应按钮即可进行操作。

11 污点修复画笔工具　不需要采样且操作简便

准备工具

01 在工具箱中选择污点修复画笔工具，在属性栏中设置笔刷的"大小"和"硬度"。你还可以通过按下键盘上的+和-键调整画笔的大小，或在画布上单击鼠标右键，在弹出的对话框中对数值进行调整。保持一个较低的硬度，并让笔刷略大于污渍。

选择类型

02 你需要根据瑕疵的具体情况对污点修复画笔工具的"类型"进行选择，以便让修复后的图像看起来天衣无缝。通常在此时我们会选择"内容识别"选项，它可以根据附近的图像数据对修复区域进行填充，让细节尽可能保持一致。

保持可编辑性

03 为了保持图像的可编辑性，你需要在所需修复的图层上方新建一个图层，在属性栏中勾选"对所有图层取样"复选框。这样当你在新建的图层上对图像进行编辑时，原本的图层将不被破坏。如果编辑错，你也可以随时在该图层上进行修改。

图像修复工具

看看你在这些页面上学到的四种图像修复工具是怎样共同修复一张照片的吧！

仿制图章工具

01 使用仿制图章工具整理头发，在图层上方新建一个图层，设置"样本"为"所有图层"或"当前和下方图层"，按住Alt键单击鼠标左键进行采样，然后遮盖不需要的头发。

修补工具

02 嘴唇、皮肤和头发等部位的问题都可以从同一区域中较为干净的部分取样进行修补。我们可以复制一个初始图层作为图像的备份。

初始图像

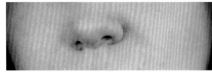

污点修复画笔工具

03 在工具箱中选择污点修复画笔工具，在目标图层上方新建一个图层，设置取样为"对所有图层取样"，让笔刷保持比污点稍大的大小，然后单击进行修复。

修复画笔工具

04 使用修复画笔工具减少人物的眼袋和皱纹。创建一个新的图层，将"样本"设置为"所有图层"，设置一个取样点，然后拖曳鼠标进行绘制。

修复画笔工具

12 修复画笔工具的工作原理类似于仿制图章工具，但它的优势在于能够匹配纹理和阴影。选择修复画笔工具，调整画笔的设置，然后和之前一样，为了保持图层的完整性，我们需要在上方新建一个图层，按住Alt键单击对图像进行取样，然后在需要进行修复的地方绘制。

开始修复

04 进行修复前，仔细观察你所需修复的区域是很有必要的。使用缩放工具（或Ctrl++组合键）放大视图，并且随时在导航器窗口中调整图像的位置。

完成修复

05 如果在第一次修复中没能成功修复所有的瑕疵，那么就继续使用污点修复画笔工具进行修复，直到你所修复的区域被完全清理。

改善曝光

13 修复图像曝光的最快方法是使用色阶进行调整，并确保滑块与直方图的边缘对齐。这将让阴影更加黑暗，而高光更加明亮，只要边缘的滑块位置正确，你只需要移动中间的滑块就可以对图像进行调整。移动标记时，按住Alt键即可显示高光剪切。

使用单色

14 在曝光调整完毕后，如果你的颜色看起来还没那么正确，那就尝试着将图像转换为单色。添加一个"黑白"调整图层，单击"属性"面板中的手符号，在画布上长按并拖曳鼠标左键以调整图像的色调，这将有助于调整图像的高光和阴影

初始图像

15 提升色彩和色调 只需三步走向成功

调整中间色

01 添加一个"色彩平衡"调整图层，对"中间色"色调进行调整，以消除明显的色彩缺陷。在"属性"面板中拖曳"青色-红色"滑块，纠正图像的颜色，让图像显示出正确的白平衡。

修正阴影和高光

02 不要忽视阴影和高光！在"属性"面板中单击"色调"下拉按钮，在打开的下拉菜单中选择"高光"或"阴影"选项，你可以通过这些选项让图像的色彩更具深度。只需要进行细微调整，图像就会变得大不相同。

让色彩更具冲击力

03 重新为图像进行着色，添加"自然饱和度"调整图层，提高图像的自然饱和度，你将会看到图像的色彩得到了巨大的提升。使用"色相/饱和度"调整图层同样可以调整图像的饱和度，但这种方法往往会让图像上产生色彩噪点和条纹。

三分法则

16 在工具箱中选择裁剪工具，并在属性栏中设置裁剪工具的叠加选项为"三等分"，将主体定位在三分线的交叉点上，这样可以确保观众的注意力集中在主题上。将地平线和任何垂直的物体都尽可能紧密地与裁剪工具的叠加线条对齐，不过有时候你也需要以图像的重心而非线条为准。

裁剪图像

17 避免在主体和背景之间剪切太多的"死空间"，有策略地为照片留白，比如人物的右侧，这样会有助于传达照片的主题。

初始图像

真实的模糊

18 为了获得更真实的景深效果，你可以使用"光圈模糊"对主体周边的区域进行模糊，并根据需要设置"光源散景"的数值。"光源散景"的设置通常被用于城市摄影中，在处理花卉摄影时，你可以不必应用这点。

初始图像

初始图像

匹配透视

19 要创建一个和背景透视相匹配的图像，请按Ctrl+C组合键复制该图像，然后在菜单栏中执行"滤镜>消失点"命令，在打开的"消失点"对话框中根据图像的透视创建平面，然后按Ctrl+V组合键粘贴图像，并将图像拖曳到合适的位置。

去除模糊效果

20 你可以使用"锐化"滤镜组中的滤镜来锐化模糊的图像，或使用"高反差保留"滤镜提炼图像的纹理，从而让图像看起来更加清晰。使用Camera Raw滤镜同样可以将模糊的图像变得清晰，你只要轻轻地移动"清晰度"和"纹理"滑块即可。

用液化滤镜重塑图像 ·· 178

让你的图像变得更加有趣的3个方法 ····················· 182

1. 在墙壁上展示图

2. 拍立得照片

3. 图中图效果

用液化滤镜重塑图像

学习新的技术和技巧，使用"液化"滤镜和调整图层创建一个很酷的图像合成效果

初始图像

Photoshop为用户提供了一些内置的滤镜，这些滤镜非常适合创造令人惊叹的特殊效果，有时我们只需要简单执行一两个命令就能让图像变得与众不同，但有时我们也需要用自己的创造力来完成工作。

了解如何用"液化"滤镜创建一种液体的效果，让雨水冲走斑马身上的条纹。操作本身是非常简单的，但在制作水滴的时候，你会需要一点耐心。我们建议你在开始之前学习如何用正确的方式创建它们，并翻到"会出现什么问题"一栏中，了解它们都可能会在什么地方出错。

你还将学习到一些基本的技巧，例如如何使用调整图层对图像进行颜色校正、增强图像的色调，以及如何使用图层蒙版来合成图像。最后，你将学习到如何创建笔刷和使用滤镜制作逼真的雨水效果。在本教程中有很多的技巧和提示，你可以将它们应用到自己的项目中。现在，你可以从文件夹中打开我们所提供的图像，并开始学习基础知识了。

准备背景

01 从文件夹中选择"背景.jpg"图像文件打开，通过添加"色相/饱和度"调整图层对图像进行调整，在"属性"面板中设置"饱和度"为-34、"明度"为-16。

抠出斑马

02 从文件夹中选择"斑马.jpg"图像文件打开，在工具箱中选择快速选择工具，在属性栏中单击"选择主体"按钮，并单击"选择并遮住"按钮。

调整边缘

03 在打开的区域中勾选"智能半径"复选框，并设置"半径"为2像素、"平滑"为5、"羽化"为0.5像素、"对比度"为0、"移动边缘"为-20%，单击"确定"按钮，并将抠出的斑马图像移动到"背景"窗口中。

> 很多时候，我们要做的就是执行一两个命令，创造出令人惊叹的作品；但有时我们也需要付出一点努力。

专家编辑

创建溅起的水花

抠出图像

01 打开"水花"图像文件，按Ctrl+A组合键全选图像，按Ctrl+C组合键复制图像，按Ctrl+I键反转图像的颜色，为图层添加图层蒙版，按住Alt键单击蒙版缩略图，在打开的蒙版中按Ctrl+V组合键粘贴图像。单击图层缩略图，再次选择蒙版缩略图，使用黑色画笔擦除图像上多余的部分。

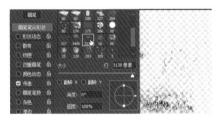

制作画笔

02 在菜单栏中执行"编辑>定义画笔预设"命令，在弹出的"画笔名称"对话框中对你所创建的笔刷的名称进行命名，并单击"确定"按钮。在工具箱中选择画笔工具，按F5功能键，选择你所创建的笔刷。

调整笔尖形状

03 勾选"间距"复选框并将其设置为200%，勾选"形状动态"复选框，设置"大小抖动"为100%、"最小直径"为0%、"角度抖动"为0%、"圆度抖动"为0%。设置"散布"为400%、"数量"为2、"数量抖动"为45%。在所有图层上方新建一个图层，设置前景色为白色，使用所设置的笔刷绘制水花。

修改颜色

04 选择斑马图层，添加一个"色相/饱和度"调整图层，并设置为斑马图层的剪贴蒙版。在"属性"面板中设置"色相"为+166、"饱和度"为−65、"明度"为−3。添加"色彩平衡"调整图层，并设置为斑马图层的剪贴蒙版，在"属性"面板中设置"青色−红色"为+5、"洋红−绿色"为−7、"黄色−蓝色"为−25。

修改颜色

06 添加"色彩平衡"调整图层，设置"青色−红色"为−7、"洋红−绿色"为−7、"黄色−蓝色"为−50。添加"色相/饱和度"调整图层，设置"色相"为+46、"饱和度"为−31、"明度"为−5。将白马图层为其添加的调整图层进行合并，并将合并后的图层设置为斑马图层的剪贴蒙版。

添加白马

05 从文件夹中选择"白马"图像文件打开，使用快速选择工具选择白马的身体，并移动到"背景"文档窗口中，调整位置和大小。

擦出条纹

07 为白马图层添加图层蒙版，选择斑马图层，在工具箱中选择魔棒工具，选中斑马身上的黑色条纹部分，并设置选区羽化为2像素。选择白马图层的图层蒙版，保持前景色为黑色，按Alt+Delete组合键填充选区的颜色，按Ctrl+D组合键取消选区，并进一步擦除图像上多余的部分。

液化条纹

08 选中斑马图层和它所有的剪贴蒙版并将其转换为智能对象。在菜单栏中执行"滤镜>液化"命令，在打开的"液化"对话框中选择"向前变形工具"，调整笔刷的大小，并设置"密度"和"压力"为100，通过扭曲斑马身上的条纹来制作颜料滴落的效果。

塑料包装滤镜

09 在菜单栏中执行"滤镜>滤镜库"命令，在打开的"滤镜库"对话框中选择"塑料包装"滤镜，设置"高光强度"为5、"细节"为1、"平滑度"为7，并单击"确定"按钮。

置入水图像

10 从文件夹中选择"水"图像文件置入，将其放置在斑马下方，并对齐进行变形，设置图层的混合模式为"排除"。

制作水坑

11 添加图层蒙版，调整画笔的硬度和流量，使用黑色擦除图像上多余的部分，使水坑图像和背景融合恰当。

添加调整图层

12 为水坑图层分别添加"色相/饱和度"、"亮度/对比度"和"色彩平衡"调整图层，并设置为水坑图层的剪贴蒙版。在"属性"面板中设置"色相/饱和度"的"色相"为+4、"饱和度"为−80；设置"亮度/对比度"的"亮度"为−50、"对比度"为−50；设置"色彩平衡"的"青色−红色"为+39、"洋红−绿色"为+33、"黄色−蓝色"为+18。

制作下雨效果

13 从文件夹中选择"雨"图像文件置入，并调整其位置和大小。将图层的混合模式设置为"线性减淡（添加）"。在菜单栏中执行"滤镜>模糊>高斯模糊"命令，在打开的"高斯模糊"对话框中设置"半径"为6像素，并单击"确定"按钮。按Ctrl+J组合键复制一层，使用橡皮擦擦除图像上多余的部分。

 ## 会出现什么问题

水的滴落

"液化"滤镜有很多的应用方式，在这里我们主要选择向前变形工具来完成这点。放大视图到合适的大小，设置画笔的"密度"和"压力"为100，调整画笔到一个合适的大小，在画布上拖曳推动像素制造颜料滴落的效果，然后改变笔刷的大小，将滴落的颜料从两侧向中间推移，让水滴的形态更加逼真。

调整水坑边缘

14 按Shift+Ctrl+Alt+E组合键将当前图像盖印为新图层，在工具箱中选择加深工具，调整笔刷的大小，加深水坑的边缘，让水坑呈现出凹陷形态效果。

加深图像颜色

15 在所有图层上方新建一个图层，设置混合模式为"柔光"，选择一个柔边笔刷，使用黑色在画布四周进行涂抹，加深图像的颜色。

加强图像对比

16 新建一个"亮度/对比度"调整图层，在"属性"面板中设置"亮度"为-20、"对比度"为60。

继续加深图像

17 按Shift+Ctrl+Alt+E组合键将当前图像盖印为新图层，在工具箱中选择加深工具，调整笔刷的大小，进一步加深天空和草地。

提亮图像

18 在工具箱中选择减淡工具，调整笔刷的大小，有选择地提亮斑马和部分草地。

进一步调整

19 使用污点修复画笔工具和仿制图章工具进一步调整画面，对雨水和斑马进行修饰。添加"亮度/对比度"调整图层，在"属性"面板中设置"亮度"为51，提高图像的整体亮度。

如何让作品更具趣味性？翻到下一页，查看让图像变得有趣的那些方法。

混合颜色带

"混合颜色带"可以使两个图层上的内容相互混合,体现出特殊的叠加效果,让砖墙上的纹理在图像上浮现出来。

初始图像

№1

在墙壁上展示图像

你可以让图像展示在墙壁或地面上,以让图像呈现出一种墙绘涂鸦的感觉。墙壁或地面通常会有着鲜明的纹路,你需要让这种纹路在图像上体现出来,然后调整图像的光照,让场景尽可能贴近真实。"混合颜色带"在这种时候总是很有用的,在"图层样式"对话框中对图层的"混合颜色带"进行调整,你将会获得更加逼真的场景效果。

让你的图像变得
更加有趣的3个方法

利用一些简单的小技巧让你的图像更具趣味性

想要让你的作品看起来像是绘制在砖墙上的?一个简单的小技巧即可做到这点。让完成的图像作品呈现在地面、墙壁或其他物体上会让图像看起来更有质感,也会大大提高它的趣味性。人们总是会对内容丰富的图像更感兴趣,而在对图像进行这些处理的同时,你也可以有选择性地遮蔽掉图像上的缺点,而着重呈现它的优点。图层蒙版和剪贴蒙版总会是合成图像时的

好帮手,你不需要让复杂的图像更加复杂,让它呈现在简单的环境中反而会令人眼前一亮。有些人会选择使用图层的混合模式让两张图片结合得更好,但有些时候对混合颜色带进行设置会更加有用。使用这些最基础的技巧在实际场景中展示我们的图像,让图像获得更多的质感。掌握了这些技巧的应用,让图像变得更引人注目将非常简单。

" 将你所制作的图像展示在实际的场景中。"

调整背景

01 从文件夹中选择"墙"图像文件打开，使用Shift+Ctrl+U组合键对图像去色，使用Ctrl+L组合键调出"色阶"对话框，通过拖曳"输入色阶"中的三个滑块对图像的明暗和对比度进行调整。

混合颜色带

02 从文件夹中选择"液化-完成"图像文件置入，并双击该图层，在弹出的"图层样式"对话框中，按住Alt键分别单击"混合颜色带"区域的"下一图层"中左右两侧的滑块，分别拖曳四个滑块更改"下一图层"的参数为0/126和8/255。

调整明暗

03 创建一个新的图层，并设置其混合模式为"叠加"。在工具箱中更改前景色为#c5c5c5，按Alt+Delete组合键填充图层，并在"图层"面板中将图层的"不透明度"更改为60%。

内容识别填充

使用"内容识别填充"命令对原本图像上的文字内容进行修补填充，让相纸恢复空白，便于后续添加文字。

№2 拍立得照片

你可能会不太方便对图片进行打印，但可以让它看起来已经被打印出来。使用图层蒙版可以很方便地镂空图层，便于显示下面图层中的内容。

制作框架

01 使用图层蒙版删除照片所在区域的内容，使用"内容识别填充"命令将文字部分修补填充为空白。

添加内容

02 在所有图层下方置入所需的照片，在所有图层上方添加说明文字，并对其设置浮雕样式。

还可以怎么做？

为图像添加细节

当图像位于倾斜的相框中时，在置入图像的时候，只需要对图像进行透视变形，即可让图像适应相框的倾斜。添加投影效果则有利于让图像融合地更加逼真，如果有必要，你还可以根据室内光来为图像添加反光。

更加复杂的图中图

既然可以制作图中图效果，那么为什么不尝试着让图像看起来更加复杂呢？重复在蒙版中叠加蒙版图像，使图像看起来更具深度，趣味性也大大增强。如果你想进一步地打破空间的界限，尝试着让什么生物冲出画面吧！

№3 图中图效果

图中图的效果无疑是一种最简单快捷的增加照片趣味性、强调图像焦点和为图像增加层次感的方法。你只需要使用图层蒙版镂空图层，再将原本的图像放置在照片之中，就可以制造出有创意的图像效果。

删除图像

01 选中相片中间的图像，在右键快捷菜单中选择"选择反向"命令，在"图层"面板中单击"添加图层蒙版"按钮，为图层添加蒙版。

缩放图像

02 使用Ctrl+J组合键复制图层，选中位于下层的图层，删除其图层蒙版，使用Ctrl+T组合键缩放图像至合适的大小，并按Enter键进行确定。

初始图像

高低频
人像修饰技术

学习这种人像修饰技术
在修饰校正图像的同时
保留原本的自然纹理和美感

没有什么是比图像的自然美更令人惊叹的了。虽然作为修图者，你的工作是淡化斑点、消除瑕疵，但完全去除图像上的瑕疵会使你的图像看起来不够生动。那么，如何确定你对色彩的修饰和纹理的修正都在适当的范围内，而又如何判断是否修饰过头了呢？

当你需要对图像进行微妙地调整，并保留自然的纹理时，分频磨皮技术一定可以帮助到你。分频磨皮技术让你可以将纹理和颜色分裂为两个不同的图层，这意味着你可以在一个图层上处理与颜色和光线相关的部分，而在另一个图层上保留你所需要的纹理。高频率是你的纹理，而低频率包

含着你的颜色和光线等信息——这两个频率共同组成了你的图像。

把你的PS技能提升到更高的水平，准备好掌握分频磨皮的技术吧。微妙调整是关键；毕竟，正是皮肤最自然的质感让模特看起来更加迷人。

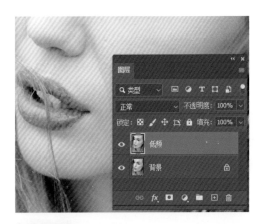

复制图层

01 在菜单栏中执行"文件>打开"命令，从文件夹中选择"人像.jpg"图像文件打开，并按Ctrl+J组合键复制"背景"图层，并更改所复制的图层的名称为"低频"。

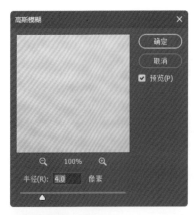

高斯模糊

02 在菜单栏中执行"滤镜>模糊>高斯模糊"命令，在弹出的"高斯模糊"对话框中设置"半径"为4像素，并单击"确定"按钮。

再次复制图层

03 在"图层"面板中选中"背景"图层，按Ctrl+J组合键复制图层，将所复制的图层的名称更改为"高频"，并拖曳到所有图层的上方。

点石成金

分频修正面部瑕疵

你可以使用加深工具、减淡工具、修复画笔工具或仿制图章工具对面部瑕疵进行修饰，因为分频编辑能够让你独立修正图像的纹理和色彩，让面部的修饰更加简单。

这种技术适用于调整模特的妆容，让色彩的转换更加天衣无缝。但对瑕疵的修饰应当慎重，过度修饰反而会损害整体图像。

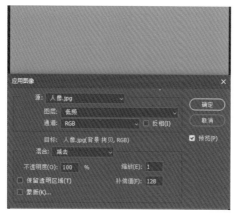

应用图像

04 执行"图像>应用图像"命令，在弹出的"应用图像"对话框中设置相关参数后,单击"确定"按钮。

更改混合模式

05 在"图层"面板中更改"高频"图层的混合模式为"强光"。

修饰面部瑕疵

06 在"图层"面板中选中"低频"图层，综合使用污点修复画笔工具、修复画笔工具、内容感知移动工具等修复工具对人像面部的瑕疵进行修饰。

高反差保留

07 在"通道"面板中选中"蓝"通道，并复制"蓝"通道。在菜单栏中执行"滤镜>其他>高反差保留"命令，在弹出的"高反差保留"对话框中设置"半径"为8.8像素，并单击"确定"按钮。

计算命令

08 在菜单栏中执行"图像>计算"命令，在弹出的"计算"对话框中设置"混合"为"强光"，并单击"确定"按钮。

设计点拨

有时我们会用一些模糊滤镜对皮肤进行进一步处理，让皮肤的质感更加细腻，而"表面模糊"滤镜在这时总是比"高斯模糊"滤镜的效果更好，因为"高斯模糊"滤镜往往会模糊图像上所有的部分，而"表面模糊"滤镜能够保留图像的轮廓，使图像的边界尽量清晰。

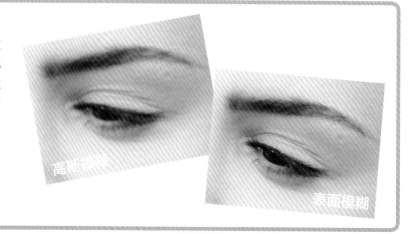

重复计算命令

09 在菜单栏中重复执行"图像>计算"命令,直到人像的轮廓变得清晰。

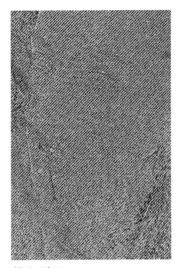

载入选区

10 按住Ctrl键在"通道"面板的"Alpha 3"通道上单击,载入暗斑为选区。

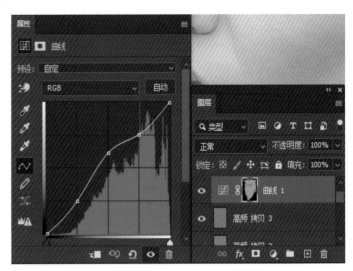

曲线调整

11 创建"曲线"调整图层,在"属性"面板中调整图像的曲线,提亮皮肤上暗斑部分的颜色,使肤色混合均匀,并选中"曲线"的蒙版,使用黑色画笔擦除多余的部分。

复制图层

12 选中"背景"图层,按Ctrl+J组合键连续复制两层,并将所复制的图层拖曳到所有图层的上方。

表面模糊

13 在菜单栏中执行"滤镜>模糊>表面模糊"命令后,在打开的对话框中设置图像的表面模糊参数。

高反差保留

14 执行"滤镜>其他>高反差保留"命令,在弹出的"高反差保留"对话框中设置"半径"为8.8像素,单击"确定"按钮,并设置"背景 拷贝2"图层的混合模式为"线性光"。

擦除多余图像

15 在"图层"面板中将"背景 拷贝"图层和"背景拷贝2"图层收入组中,为图层组添加图层蒙版。选择画笔工具,使用黑色画笔在蒙版上擦除多余的图像。

调整颜色

16 创建"色相/饱和度"调整图层,在"属性"面板中设置"饱和度"为+26、"明度"为+11,继续调整图像的颜色。

色彩

消除过度曝光的关键是给你的照片增加颜色的鲜艳度和明暗对比度，但是不要编辑得过于饱和。

修复
过度曝光

使用简单的工具调整完善你的光线

点石成金

这意味着什么？

对比度：对比度只是改变了图片中浅色和深色元素之间的关系。调整对比度可以创造出更加生动的拍摄效果。尝试一下，看看什么样的效果更适合你。

在任何一张照片中，光线都是最难做到完美的部分之一，尤其是当你正处在不断变化的环境中，或是在即兴进行拍摄的时候。想要在你所拍摄的整个场景中获得完美的曝光是很困难的，但大多数的抓拍都可以使用一个小小的技巧改善其光线问题——我们可以有选择地让一些东西变亮，或让一些东西变得更暗。

"亮度/饱和度"命令就是为这种情况而存在的。不管是细微的色调调整，还是效果更加浓烈的编辑，"亮度/饱和度"命令都能够轻易做到，修复任何照片的光线过曝。你可以结合图层的混合模式和图层蒙版对图像进行整体修复，让图像更具表现力，不管我们需要对图像进行何种处理，都可以通过这些技巧方便且细致地对光照进行调整。

了解并掌握简单而便于操作的改变曝光不足或曝光过度的技巧，并学习额外提示的修复光线的技巧，不管你面对什么样的图片，想获得正确的曝光再也不是问题了。

> **在你所拍摄的整个场景中想获得完美的曝光是个难题。**

纠正曝光过度的图像　改善你所拍摄的照片的色彩

调整亮度和对比度

01 创建一个"亮度/对比度"调整图层，对你的图像进行初步编辑。尝试着在"属性"面板中滑动"亮度"和"对比度"的滑块，直到得到想要的效果。

进一步变暗

02 按Shift+Ctrl+Alt+E组合键盖印当前的图像，并将所盖印的新图层的混合模式更改为"正片叠底"，这样可以混合两个图层中的像素，让图片色调更暗。

蒙版

03 为你所盖印的图层添加图层蒙版，并使用"不透明度"为50%的软笔刷擦除图像上过亮的部分，让图像的对比度保持均衡。

调整亮度和对比度

01 创建一个"亮度/对比度"调整图层，尝试着调整到合适的效果，尽量不要让图像上出现噪点。

复制和滤色

02 "滤色"混合模式能够通过筛选两个图层之中的像素，让图像变得更加明亮。盖印当前的图像，并使用"滤色"混合模式实现使图像变亮的效果。

蒙版

03 为图层添加图层蒙版，将笔刷的"不透明度"设置为50%、"硬度"设置为0%，使用黑色画笔在蒙版上擦除多余的部分，让图像的对比度保持均衡。

其他光线调整工具　用其他方法调整亮度或对比度

色阶

使用"色阶"命令调整图像的黑场和白场，并设置图像的中间调。在"色阶"对话框中，调整"输入色阶"中的滑块能够让图像中的色阶重新分配，增强图像的整体对比度。

自动颜色调整命令

在菜单栏中执行"图像>自动色调"和"图像>自动对比度"命令，Photoshop将自动对图像的色调和对比度进行调整，修复图像的光线问题。

自然饱和度

使用"自然饱和度"命令调整图像颜色的饱和度和自然饱和度，能够增强图像色彩的鲜艳程度，从而让图像的对比度得到增强。

改善
图像的
构造方式

空间

想象图像是如何分布在网格中的，以及图像最终会有多少留白。如果分布得当，留白不一定是坏事。

用这三种简单的技巧
解决图像的基本构图

摄影中的构图规则常常会被人们忽视，许多摄影师只凭直觉而不是技术来完成拍摄，如果你的照片看起来已经很完美了，那么再对它进行剪裁或渲染就不是特别重要了。

但是，有些技巧可以用于改进任何图像，你可以使用它们对图像进行一些微妙地调整，比如裁剪或拉直你的图像。无论你是一个技巧纯熟的摄影师，还是一个有着丰富经验的修图者，使用这些简单的技巧都将是快速完成工作的好方法。你可以转移图像的重心，让照片具有正确的视角，使图像在视觉上达到平衡。

这些并不是你所掌握的最具备创造力的技巧，但却是最重要的。一张照片的意义不仅仅在于它的内容，还在于你如何去构造它。

点石成金

三分构图法

三分构图法是一个术语，意为当使用线条将画面从垂直和水平方向上三等分时，图像的主体将位于画面的三分之一处。使用Photoshop的一些功能可以轻松对图像的构图进行修改。

初始图像

三分构图法

学习使用三分构图法裁剪
修正任何图像

裁剪图片对于控制图像的焦点非常重要，要养成用观看者的眼光审阅照片的习惯，注意你的关注点会被吸引到图像的哪个位置。使用Photoshop中的裁剪工具可以简单易用地应用三分构图法对图像进行精确裁剪。

❝ 网格可以使裁剪
更加精确。❞

输入比例

01 选择裁剪工具，在属性栏中输入裁剪的比例。在左侧的下拉列表中也可以选择一些常用的裁剪比例。

网格

"网格"选项将会把图像分割成多个正方形。当你需要对城市或人群等繁杂的图像进行处理时，网格最为有用。

三等分

这个选项将使你的裁剪预览均分为九个方块，你需要注意让图像的重心处于网格的交叉点上。

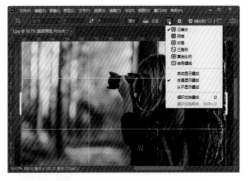

✓ ⊞ 三等分
⊞ 网格
⊠ 对角
⊡ 三角形
⊞ 黄金比例
⊡ 金色螺线

自动显示叠加
✓ 总是显示叠加
从不显示叠加

循环切换叠加   O
循环切换取向   Shift+O

三分构图法

02 在属性栏中裁剪工具的叠加选项下拉列表中，选择"三等分"选项，图像将自动被网格分割。

确定裁剪

03 拖曳裁剪的定界框，调整你的裁剪区域，让你的图像重心位于三等分的线上，然后按Enter键确定裁剪。

如何为图像
添加胶片风格

在Photoshop中
使用简单的图层技术
创建暗调的边缘

胶片风格通常被认为是一种创造性的图像处理技巧，这种效果可以让你的图像呈现出电影一样的效果，你也可以使用Camera Raw滤镜来达到这点。

如果你只是想在照片中突出某个引人注意的焦点，那么这种技巧也将是增强焦点的最佳选择。使用裁剪工具，让处理后的图片重心更加明确。

初始图像

深色边缘
胶片风格让你的图像看起来像是电影的画面，但它也可以很好地汇聚图像的重心，创造引人注目的焦点。

复制图层

01 这种效果最适合需要突出某种主题的图片，而现在这种主题在图像中并不如你希望的那样突出。在Photoshop中打开图像，按Ctrl+J组合键复制图层。

加深边缘

02 按Ctrl+L组合键打开"色阶"对话框，向右移动中间的滑块，图像的颜色将会被加深变暗，这是为图像添加胶片风格打下基础。

添加蒙版

03 为复制的图层添加图层蒙版，然后在工具箱中选择渐变工具，在属性栏中设置渐变的颜色为从黑到白，然后单击"径向渐变"按钮。

创建渐变

04 使用渐变工具，从你所希望突出的主体部分向外拖曳，在蒙版上创建一个完美的渐变。你可能需要反复调整渐变，以使蒙版的范围更加适当。

裁剪

05 使用裁剪工具调整图像的重心和图像的大小，突出图像的重点。图像上最暗的部分将会在这一过程中被裁剪掉，让图像的风格更加自然。

降低不透明度

06 你可以通过降低图层的不透明度来体现图像上的更多细节，而即使只是稍稍加深图像的边缘的颜色，这样的修改也将极大地提升图像的质量。

平整图像中的地平线

使用"镜头校正"滤镜快速校正弯曲不平的地平线

地平线经常会出现在照片中，但我们通常很难做到拍摄一张角度和镜头完全正确的包含地平线的照片。

使用Photoshop中的"镜头校正"滤镜可以对你所拍摄的图像进行有效的校正，而且这应该是一项在对图像进行更多编辑之前进行的举措。对图像进行适当的校正，可以使你的图像更具表现力。

拉直
弯曲不平的地平线可能会毁掉你的图像，但你可以轻松地校正它。

初始图像

打开图像

01 在Photoshop中打开图像，在工具箱中选择裁剪工具，通过对图像进行旋转和裁剪，你可以轻松地让图像变直，但这是相当简陋的一种方式。

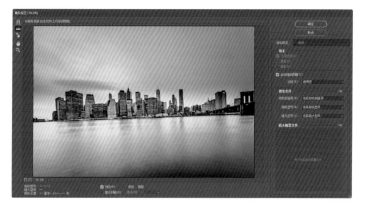

选择校正工具

02 在菜单栏中执行"滤镜>镜头校正"命令，在打开的"镜头校正"对话框中选择"移去扭曲工具"，用来对你的图像进行校正。

拉直

03 按住鼠标左键并进行拖曳，使用"拉直工具"对图像进行调整，"镜头校正"滤镜将会自动裁剪掉多余的图像部分。

裁剪画面

04 最后在工具箱中选择裁剪工具，使用三分构图法重新构建你的图像。对图片进行拉直往往会影响到原本的构图，因此有必要对图像进行重新裁剪。

修复画笔工具
使用修复画笔工具，能够清洁皮肤上的一些斑点、飞散的发丝或其他一些不必要的东西。

"液化"滤镜
使用"液化"滤镜，我们可以对人物的面部轮廓和五官进行细微的调整，使比例更加协调。

№1 完美的人物肖像

当我们对人物的肖像进行修饰时，往往很容易修饰过度，让图像失去真实感。我们需要确保所有的编辑都是非破坏性的，尽可能只使用调整图层、智能对象或盖印图层来对图像进行下一步的修改，这样就可以根据需要反复调整修改的范围。

我们主要使用图像修饰工具（污点修复画笔工具和修复画笔工具）来消除瑕疵，并使用液化工具对人物头部和面部的轮廓进行一些修饰。

初始图像

10个最实用的小技巧

关于图像的修饰

无论你是什么类型的摄影师，使用这些技巧和技术，你都可以轻松地成为一位修图大师

对于任何Photoshop的使用者来说，修饰图像都是一项重要技能。绝大多数的数字图像都需要进行修饰才能够最终完成，无论是增强对比度、消除瑕疵、调整光线还是锐化一些细节。

有些工具是在进行图像修饰时必不可少的，它们可以应用于所有类型的图像。

不过相比之下，"曲线"调整图层会更受到专业修图师的青睐，这样他们就可以有选择性地精确调整图像的某一成分，就像是摄影师在冲洗照片时使用的特殊手法一样。而当需要去除不需要的物体、斑点或瑕疵时，污点修复画笔工具总是最好用的，它可以非常准确地修复我们所需修复的部分，而且很容易控制。而仿制图章工具可以轻松复制图像的颜色或纹理。

我们将在这篇文章中关注最主流的修图技术，深度剖析这些最实用的图像修饰技巧，以便读者可以轻松掌握使用Photoshop对图像进行修饰的方法。

清理碎发

01 使用Ctrl+J组合键复制图层，使用修复画笔工具清理人物面部的碎发，尽可能精简碎发的数量，而又能保留风吹散头发的飘逸感。

"液化"滤镜

02 在菜单栏中执行"滤镜>液化"命令，在弹出的"液化"对话框中使用液化工具对任务的面部和头部的轮廓进行调整和修改，使比例更加均衡自然。

"曲线"调整图层

03 使用曲线调整图层对图像的颜色进行修改，使皮肤的色彩更加自然均衡。在进行这一步之前，你也可以使用"高斯模糊"滤镜，结合图层蒙版对人物的皮肤进行一些优化处理。

引导观众

我会尝试着引导观众注意到一个特定的区域，这基本可以通过使该区域比图像上的其他部分更明亮来实现，因为我们的眼睛总是会更倾向于关注画面中更明亮的部分。

色彩效果

当需要对颜色进行分别调整时，我会建议尝试不同的调整图层和极端的参数设置，你可能会因此看到不想要的效果，然后通过调整参数让它们变得符合期待。

初始图像

№ 2 专业的风景修饰

你可以使用更有创意的方式去修饰风景，结合几种工具来对图像进行修饰。使用Camera Raw滤镜、调整图层和其他一些修饰工具可以很好地对图像的细节进行调整。你可以将图层转换为智能对象，以保留之后再行调整的余地，然后使用图层蒙版来控制调整的具体范围。

产品后期光线调整

产品摄影通常会需要加强照明，以使产品本身在场景中更加突出。你可以使用"曲线"调整图层来增加图像的对比度，创建一个轻微的S型曲线来控制阴影和高光。阴影/高光的调整对于全局的光照变化是很有用的，但你可能会需要使用减淡和加深工具进行手动绘制，以精确调整光线和阴影的范围。

№ 3 静物写真的修饰

在静物摄影中，视觉的重心往往会集中在一个干净清晰的环境中的一个物体上。通过使用钢笔工具，我们可以将所需修复的图像的主体提取出来，然后使用仿制图章工具和修复画笔工具来消除图像上多余的部分，最后再调整灯光和颜色。我们可以对产品进行多次拍摄，然后结合所有图像中较好的部分来组合产品，让最后完成的图像细节足够丰富，而且没有曝光过度或曝光不足的部分。

№4 与野生动物合作

野生动物摄影往往会产生一些独特的问题，例如许多拍摄野生动物的图片都会有着绿色的背景。使用"色彩平衡"工具可以轻松纠正在摄影中产生的颜色偏差问题，让绿色保持原本的鲜艳。

动物们很少会静止不动地等待摄影，所以使用锐化工具可以改善在摄影过程中所造成的图像模糊。你可以使用锐化滤镜来改善图像，更加突出图像的重点。

良好的初始图像

选择一张良好的初始图片来进行图像的编辑，这样会让你拥有一个更高的起点。

Camera Raw滤镜

01 在菜单栏中执行"滤镜>Camera Raw滤镜"命令，在打开的Camera Raw对话框中修改图像的"色温"和"色调"，调整图像的整体颜色，并加深图像的阴影部分。

调整色阶

02 按Ctrl+L组合键，在弹出的"色阶"对话框中调整"输入色阶"的滑块，让松鼠的身体更亮，然后在图层蒙版上擦除多余的部分。

不要修饰过度

03 有时我们会需要进一步锐化图像，但是我们所选择的这张图片已经足够清晰，那就不需要进行更多修饰。完成你的修饰后，对图像进行保存即可。

不要忽视服装

让人物身上的衣服看起来充满时尚感总是很好的，但如果它有些喧宾夺主，最好还是纠正这种失误。

№5 加强运动摄影

对于一幅成功的运动图像，你的修饰目标是突出它的运动感、夸张感和令人激动的感觉。你可以使用两个曲线图层来建立图像的对比，一个用于调亮，一个而用于调暗，使用蒙版来确认它们的作用范围。

你可以对正在运动的人的身体进行一些突出和调整，让肌肉或身体的线条更加明确，这会有助于增强运动感的暗示。

№6 掌握单色图像

将彩色的图像转换为黑白图像会让它变得单调和缺乏生气。在菜单栏中执行"图像>调整>黑白"命令并应用其中的预设选项，可以增强图像的对比度，获得更好的转换。你也可以调整滑块，自己来设置一些参数，让图像更具有层次感。

图像上总会出现一些瑕疵，但有时它们会很难被发现。你可以对当前图像进行复制，在复制的图层上加大图像的对比度以显示斑点，然后在原本的图层上消除斑点，再删除所复制的图层。

清除瑕疵
我们可以使用污点修复画笔工具来清除图像上的瑕疵，或使用内容感知画笔工具来处理斑点。

对比度是关键
单色图像如果缺乏对比度会显得黯淡无光，你需要为图像制造一种深度，以使图像层次分明。

精细处理
避免在杂志广告或宣传图中出现主题不明确的效果，一幅图像只专注突出一个细节。

№7 关注时尚

时尚摄影通常具有商业目的：出售服装、珠宝或配饰，你需要牢牢记住这一点。如果你的商品不是完美的，那么过于完美的头发和皮肤或太鲜艳的配色就会在广告图像中毫无意义。

颜色校正是让商品变得更完美的关键，有一系列的工具可以用来对图像进行修复，比如仿制图章工具、修复画笔工具、减淡和加深工具等。在对瑕疵的修复完成后，你也可以使用曲线工具来完成图像整体的调整。

№8 动作

动作将会是非常有用的修图方法，如果你发现自己经常会执行一些相同的任务，那么创建一个动作可以帮你节省大量的时间，避免重复同样的操作。这可以在一开始就对你的图像批量进行初步处理，或者在最后批量整体调整你所修饰完成的图像。

录制动作
你可以将一些常用的操作录制到动作之中，例如使用"智能锐化"滤镜对图像进行调整、使用"色彩平衡"命令调整图像的色彩、对图像进行裁剪等，动作将记录你的具体操作和参数，以便于在自动操作中实现。动作录制完成后，你可以选择对单张图像进行自动处理，也可以对某个文件夹中所包含的图像进行批量处理。

№9 扩充摄影图片库

如果你打算将图像扩充至图片库，那么就不要为它进行太多细节上的润色，不要对它进行太多对比度的修饰、颜色和灯光的调整或滤镜修饰等，因为这对于它的最终用途而言都会是过度处理。

不过，你也的确需要对它们进行一些润色，而锐化就是此时的最佳选择。无论是何种图像都将受益于锐化的处理，Photoshop中的Camera Raw滤镜可以很好地控制图像的锐化程度，以获得最佳效果。

修饰图像的目的只是简单地加强原始图片，而不是为它添加更多的人工成分。特别需要注意的是，不要在任何自然光的场景中制造高光，例如在户外拍摄的天空。如果你使用Camera Raw滤镜对图像进行初始处理，

Camera Raw润色处理

Camera Raw滤镜是内置在Photoshop中的滤镜，可以对照相机所拍摄的Raw图像进行初步调整。你可以只调整需要调整的部分，增强照片的对比度和锐化图像。

可以通过在Camera Raw对话框的右上角单击"高光修剪警告"图标确认当前的高光范围。

确保你照片中的光线是平衡的，这在静物摄影中尤其重要。由于使用了灯光进行照明，色彩就很容易在物体上发生投射。使用"色彩平衡"命令可以控制颜色的倾向性，根据需要让照片呈现出合适的色调。而Camera Raw滤镜会是个调整白平衡的好工具，白平衡可以自动删除任何类型的强制转换。

如果你的图像真的需要一些修正，那么这些修正也应该是最微小的。摄影图片库中的图像首先应该进行正确的拍摄，这样就不需要在后期处理的时候再对图像进行太大的修改——如移除物体或大面积修复图像上的区域。但你可以使用污点修复画笔修复一些较小的噪点或污点，因为摄影的失误也总是难以避免的。

你可能会需要调整图像的对比度，但不能让结果太过夸张，所以这将是一种微妙的调整。添加一个"色阶"调整图层，在"色阶"对话框中调整滑块，可以使你的图像看起来更加赏心悦目，并且为有需要的设计师留下进一步编辑的余地。

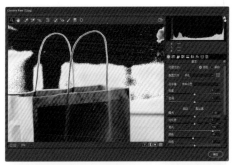

初始图像

№10 修饰建筑图像

光线是修饰建筑图像的关键。一个房间或建筑物应该多次进行拍摄，照亮不同的区域，然后在Photoshop中进行分层处理。在每一个图层上都使用图层蒙版，你可以让光线从每个图像中反射出来，为图层设置适合的混合模式，最终将自然光、人造光线和闪光灯所带来的光混合在一起，制造出超现实般的感觉。